中3理科を
ひとつひとつわかりやすく。
[改訂版]

Gakken

みなさんへ

「お風呂でからだが浮かぶのはなぜ？」「夏と冬で見える星座がちがうのはなぜ？」
　理科はこのような身近なナゾを解き明かしていく，とても面白い教科です。中学３年の理科で
物体の運動，イオンという物質，生物のふえ方，天体の動き，自然環境と人間のかかわりなどをテ
マに，理科的な見方や考え方を実験や観察を通して学習します。

　理科の学習は用語を覚えることも大切ですが，単なる暗記教科ではありません。
　この本では，文章をなるべく読みやすい量でおさめ，特に大切なところをみやすいイラストで
とめています。ぜひ用語とイラストをセットにして，現象をイメージしながら読んでください。

　みなさんがこの本で理科の知識や考え方を身につけ，「理科っておもしろいな」「もっと知りたい
な」と思ってもらえれば，とてもうれしいです。

この本の使い方

1回15分、読む→解く→わかる！

　１回分の学習は２ページです。毎日少しずつ学習を進めましょう。

答え合わせも簡単・わかりやすい！

　解答は本体に軽くのりづけしてあるので，引っぱって取り外してください。
　問題とセットで答えが印刷してあるので，簡単に答え合わせできます。

復習テストで、テストの点数アップ！

　各分野のあとに，これまで学習した内容を確認するための「復習テスト」があります。

…ールも，ひとつひとつチャレンジ！

まずは次回の学習予定日を決めて記入しよう！

最初から計画を細かく立てようとしすぎると，計画を立てることがつらくなってしまいます。
まずは，次回の学習予定日を決めて記入してみましょう。

1日の学習が終わったら，もくじページにシールを貼(は)りましょう。
どこまで進んだかがわかりやすくなるだけでなく，「ここまでやった」という頑張りが見えることで自信がつきます。

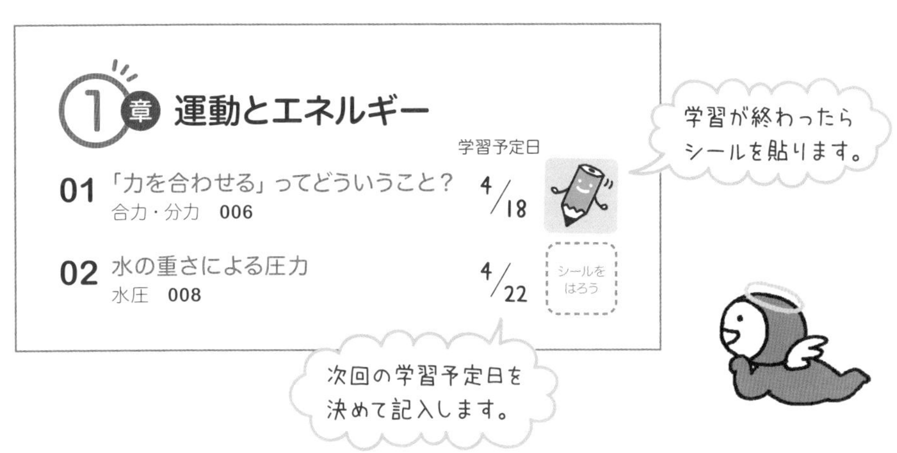

カレンダーや手帳で，さらに先の学習計画を立ててみよう！

スケジュールシールは多めに入っています。カレンダーや自分の手帳にシールを貼りながら，まずは1週間ずつ学習計画を立ててみましょう。
あらかじめ定期テストの日程を確認しておくと，直前に慌てることなく学習でき，苦手分野の対策に集中できますよ。

計画通りにいかないときは……？

計画通りにいかないことがあるのは当たり前。
学習計画を立てるときに，細かすぎず「大まかに立てる」のと「予定の無い予備日をつくっておく」のがおすすめです。
できるところからひとつひとつ，頑張りましょう。

もくじ 中3理科

次回の学習日を決めて，書き込もう。
1回の学習が終わったら，巻頭のシールを貼ろう。

1章 運動とエネルギー

2章 化学変化とイオン

3章 生物の細胞とふえ方

4章 地球と宇宙

学習予定日

5章 自然環境と人間

学習予定日

わかる君を探してみよう！

この本にはちょっと変わったわかる君が全部で5つかくれています。学習を進めながら探してみてくださいね。

色や大きさは，上の絵とちがうことがあるよ！

01 合力・分力
「力を合わせる」ってどういうこと？

２つの力を１つの力にすることを**力の合成**（ごうせい）といい，合成した力を**合力**（ごうりょく）といいます。
２つの力が一直線上にある場合は，力のたし算，ひき算が成り立ちます。
２つの力が一直線上にない場合は，合力は作図で求めます。

【一直線上にある2力の合力】

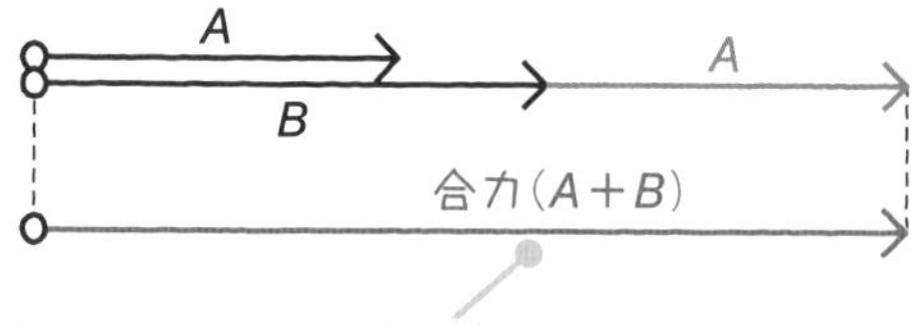

2力の向きが同じなら，合力は2力の和。

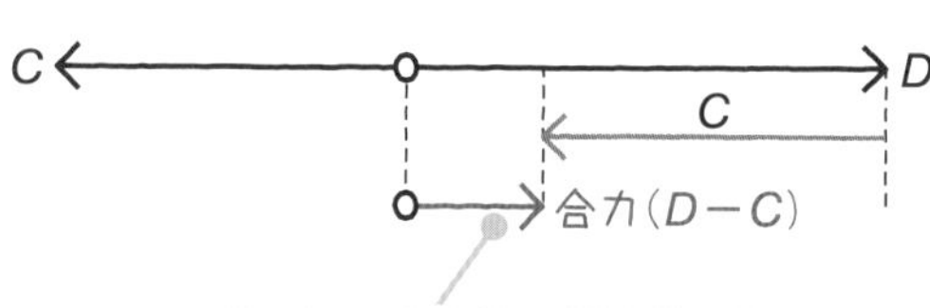

2力の向きが逆なら，合力は2力の差。

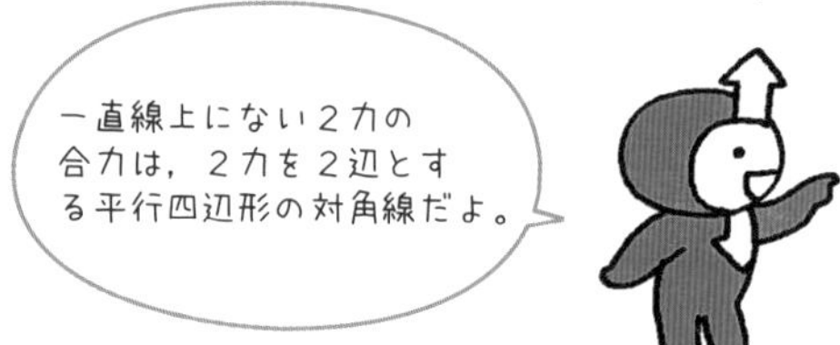

【一直線上にない2力の合力】

① Aの矢印の先からBと平行な線をかく。

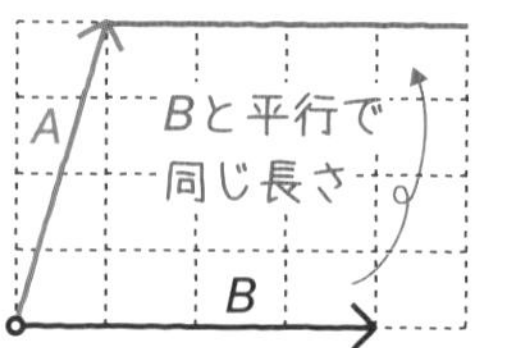

② Bの矢印の先からAと平行な線をかく。

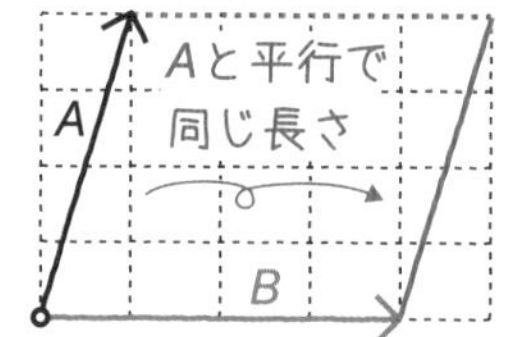

③ A，Bの根もとから①②の線が交わったところまで線をかく。

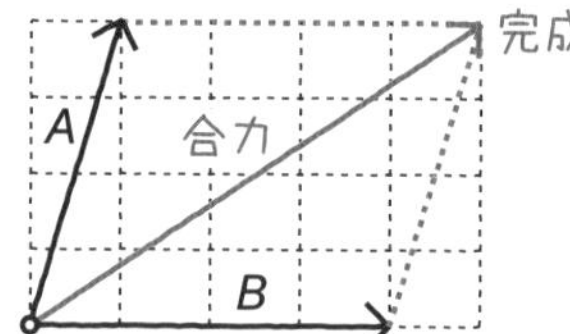

物体にはたらく１つの力を２つの力に分解（ぶんかい）することを**力の分解**といい，２つに分けられたそれぞれの力を**分力**（ぶんりょく）といいます。
もとの力を平行四辺形の対角線として，その平行四辺形の２辺が分力になります。

【1つの力Fの2つの分力】（力Fを，アとイの2つの方向に分解する）

① Fの矢印の先からイと平行に線を引き，力Fが対角線になるような平行四辺形の1辺をかく。

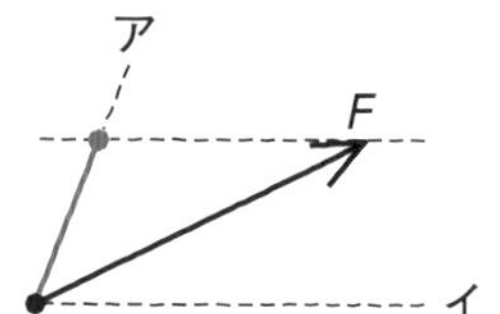

② Fの矢印の先からアと平行に線を引き，力Fが対角線になるような平行四辺形のもう1つの辺をかく。

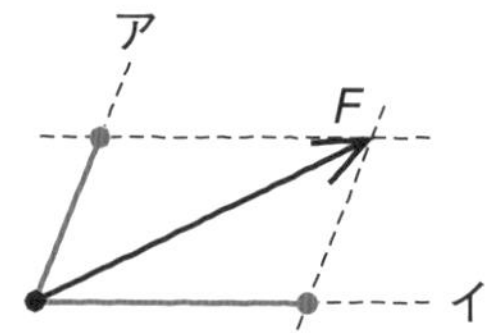

③ 力Aと力Bが，力Fの分力となる。

分力は，力Fを対角線とする平行四辺形の2辺。

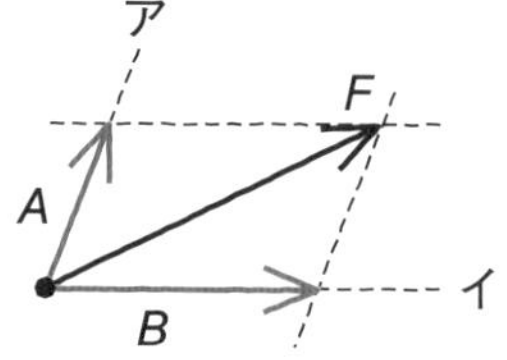

基本練習

答えは別冊3ページ

1 次の問いに答えましょう。

(1)　２つの力を，同じはたらきをする１つの力にすることを何といいますか。

(2)　２つの力と同じはたらきをする１つの力を何といいますか。

(3)　一直線上にある逆向きの２つの力の合力は，２力の和，差のどちらになりますか。

〔　　　　　　　　　〕

(4)　１つの力と同じはたらきをする２つの力を何といいますか。

〔　　　　　　　　　〕

2 下の図１では合力を，図２では点線上に分力を作図しましょう。

図１

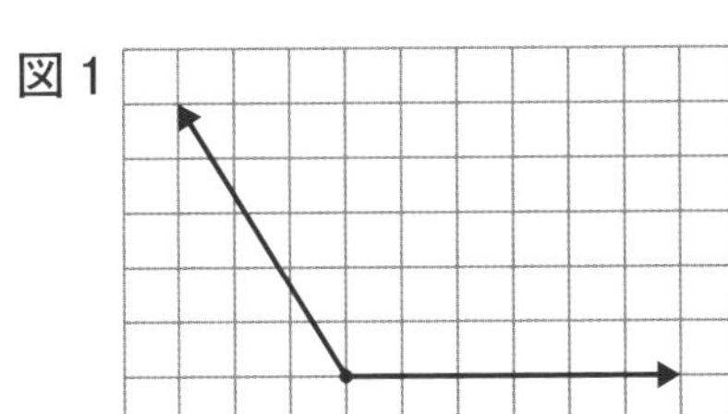

図２

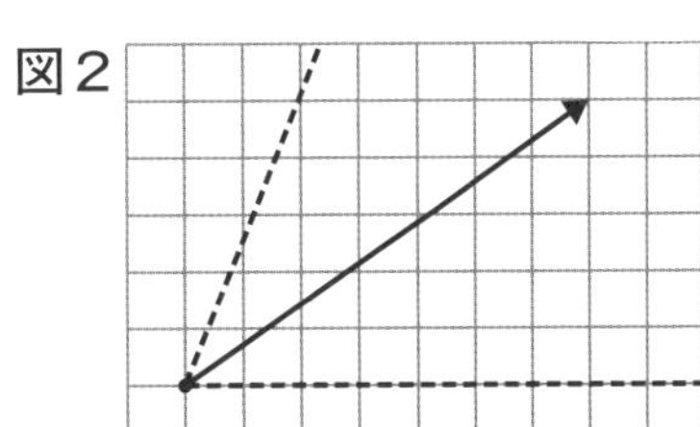

ポイント　平行線の引き方や平行四辺形の作図の方法を練習しておこう。

もっとくわしく

斜面上の物体にはたらく重力の分解

斜面上の物体にはたらく重力は，

①斜面に平行な分力

②斜面に垂直な分力

の2つの力に分解して考えます。

斜面の傾きが大きくなるほど，斜面に平行な分力（斜面を下る力）は大きくなります。

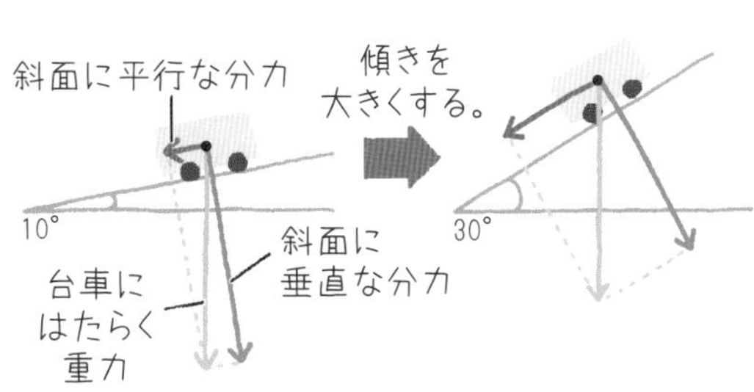

02 水の重さによる圧力

水圧

大気中ではたらく大気圧のように，水中の物体には，上にある水の重さによって生じる圧力がはたらきます。これを**水圧**といいます。水圧は，あらゆる向きから物体にはたらき，水の深さが深いほど大きくなります。

【水圧のはたらき方】

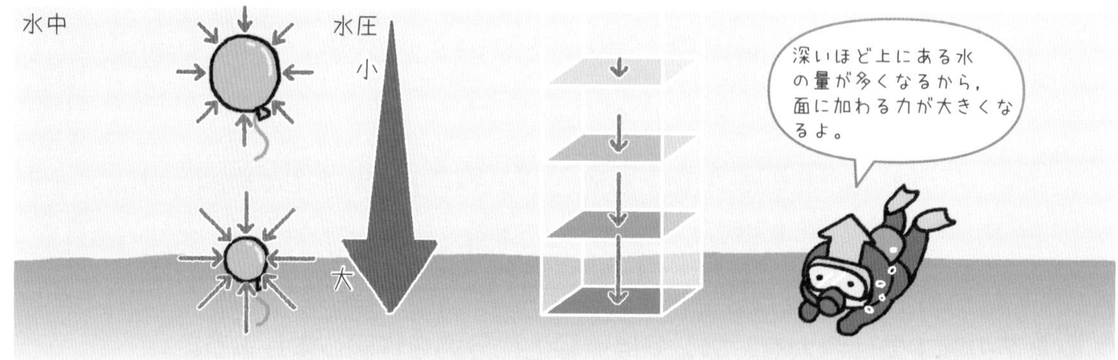

水圧は圧力の式で求めます。

水の深さが2倍，3倍，……になると，水圧も，2倍，3倍，……になります。

このように，水圧は水の深さに比例します。

$$圧力〔Pa〕=\frac{力の大きさ〔N〕}{面積〔m^2〕}$$

【水圧の計算】

A面の上にある水の体積　$1\ m^3=1000000\ cm^3$

↓ 水の密度は$1.0\ g/cm^3$だから

A面の上にある水の質量は，1000000 g

↓ 100 gの物体にはたらく重力の大きさは約1 Nだから

A面にはたらく重力の大きさは，10000 N

↓

A面にはたらく水圧の大きさは，

$$水圧〔Pa〕=\frac{10000〔N〕}{1〔m^2〕}=10000〔Pa〕$$

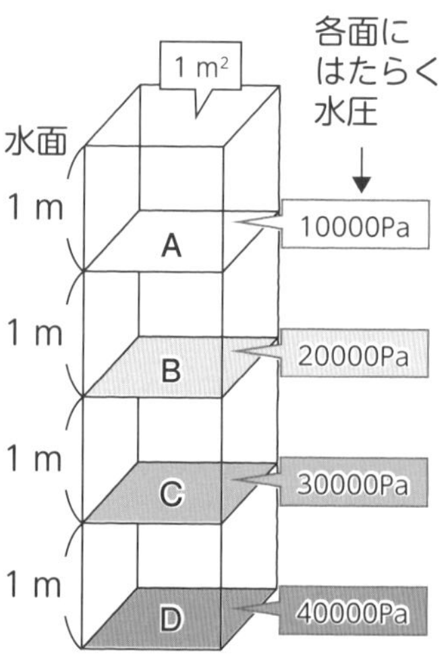

基本練習

答えは別冊3ページ

1 次の文の〔　〕にあてはまる語句を書きましょう。

(1) 水中では，水の重さによって圧力が生じる。これを〔　　　　〕という。

(2) 大気圧や(1)は，〔　　　　〕向きにはたらく。

(3) 圧力は，圧力〔Pa〕＝ 力の大きさ〔N〕 ／ 〔　　　　〕〔m^2〕 という式で求める。

(4) 水の深さが深くなるほど，(1)の大きさは，〔　　　　〕なる。

2 深さ30 cmではたらく水圧の大きさを計算します。これについて，次の問いに答えましょう。水の密度は1.0 g/cm^3，100 gの物体にはたらく重力の大きさを1 Nとします。

(1) X面の上にのっている水の体積は何cm^3ですか。

(2) X面の上にのっている水の質量は，何gですか。

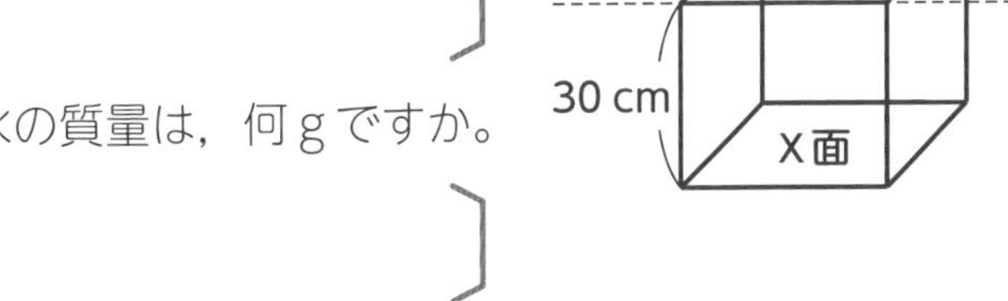

(3) X面にはたらく重力の大きさは，何Nですか。

(4) X面にはたらく水の圧力は何Paですか。

ポイント 水圧はあらゆる向きにはたらくこと，水圧は深いほど大きいこと，この2つをおさえよう。

03 浮力はどうしてはたらくの？

浮力

水中にある物体には，上向きの力がはたらきます。この力を，**浮力**といいます。

【水の深さと浮力】

ばねばかりの値＝物体にはたらく重力－浮力

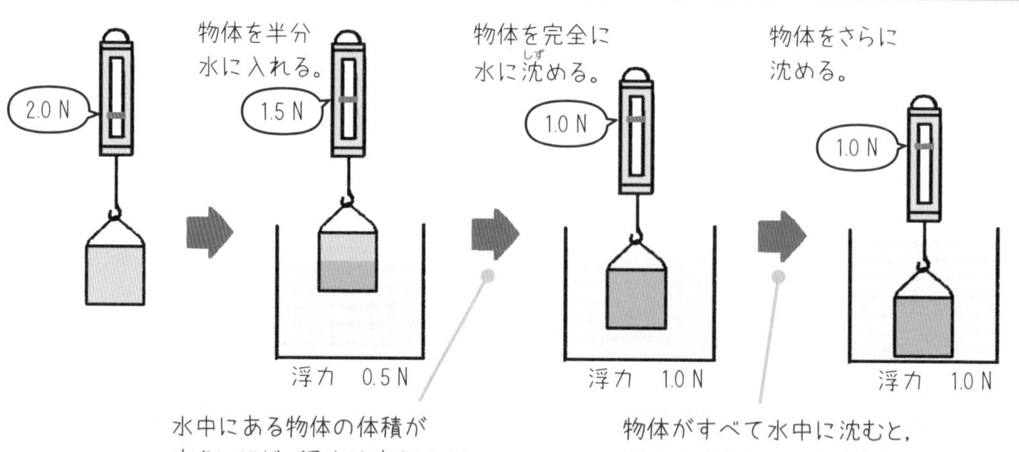

水中の物体には，水圧によって生じる力（力＝水圧×面積）があらゆる方向からはたらいています。上の面にはたらく力より下の面にはたらく力の方が大きいため，水中の物体には上向きの力がはたらきます。

【浮力がはたらく理由】

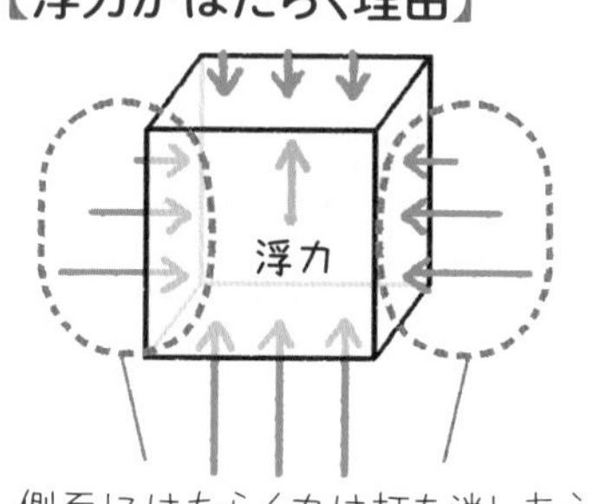

浮力＝（下の面にはたらく力）－（上の面にはたらく力）

水中の物体にはたらく重力より浮力の方が大きければ，物体は浮かび上がります。物体にはたらく重力より浮力の方が小さければ，物体は沈みます。

【浮力と物体の浮き沈み】

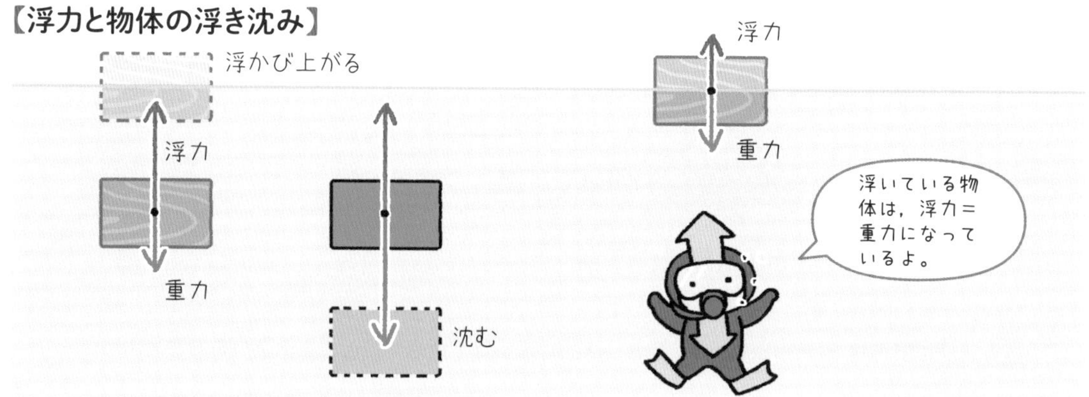

基本練習

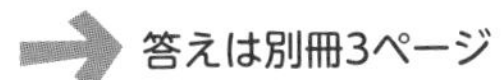
答えは別冊3ページ

1 **(1)は〔　　〕にあてはまる語句を書き，(2)は〔　　〕の中の正しいものを○で囲みましょう。**

(1) 水中で物体にはたらく上向きの力を〔　　　　　〕という。

(2) (1)は，水中にある物体の下の面にはたらく水圧による力の大きさと，上の面にはたらく水圧による力の大きさの〔 和 ・ 差 〕によって生じる。

2 **空気中である物体をばねばかりにつるしたら3 Nを示し，図のように水中に沈めたら2 Nを示しました。これについて，次の問いに答えましょう。**

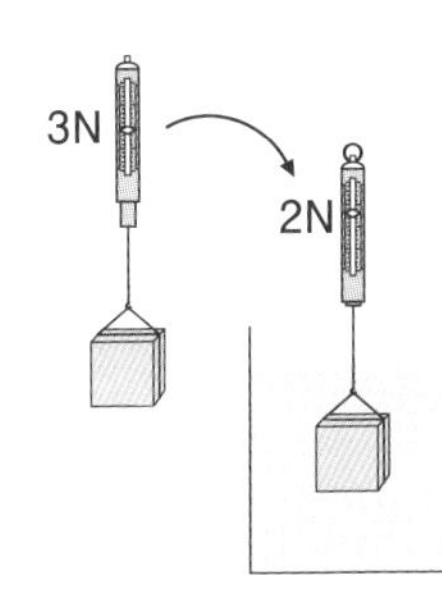

(1) 物体にはたらく浮力は何Nですか。

〔　　　　　〕

(2) さらに深く物体を沈めました。物体にはたらく浮力の大きさはどうなりますか。

〔　　　　　〕

ミス注意 浮力は，水中にある物体の体積が大きいほど大きくなる。しかし，物体全体が水に沈むと，浮力の大きさは深さに関係なく，一定になることに注意しよう。

もっとくわしく

浮力の大きさを決めるもの

古代ギリシャの数学者アルキメデスは，「浮力の大きさは，物体の水中部分の体積と同じ体積の水の重さである」という法則を発見しました。同じ質量の物体でも，密度の大きい鉄は体積が小さいので，浮力が小さくなり沈みます。しかし，密度が小さい木材は体積が大きいので，浮力が大きくなり浮きます。

鉄10 g

浮力(小)

木材10 g

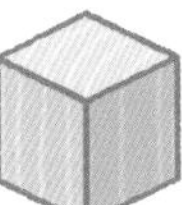

浮力(大)

04 速さ 速さを求めてみよう！

速さは，物体が一定時間（1時間，1分，1秒）に移動した距離で表されます。

$$速さ〔m/s〕=\frac{移動した距離〔m〕}{かかった時間〔s〕}$$

m/sはメートル毎秒と読む。また，km/hはキロメートル毎時と読む。sはsecond（秒），hはhour（時）を表している。

上の式で求めた速さは，物体がある一定の時間，同じ速さで移動し続けたと考えた速さで，**平均の速さ**といいます。一方，スピードメーターで表示されるような刻々と変化する速さを**瞬間の速さ**といいます。

【速さの計算】

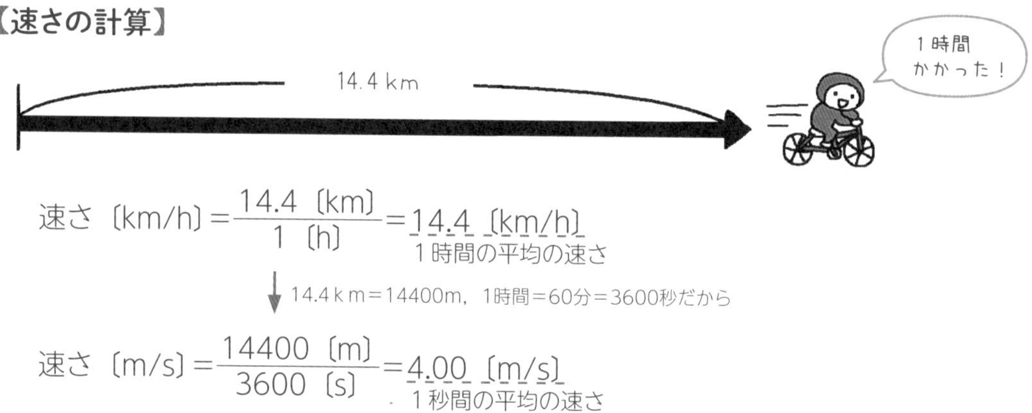

$$速さ〔km/h〕=\frac{14.4〔km〕}{1〔h〕}=14.4〔km/h〕$$

1時間の平均の速さ

↓ 14.4 km＝14400m，1時間＝60分＝3600秒だから

$$速さ〔m/s〕=\frac{14400〔m〕}{3600〔s〕}=4.00〔m/s〕$$

1秒間の平均の速さ

記録タイマーは1秒間に50回または60回点を打つ装置です。向きが変化しない運動の場合は，記録タイマーを使うと運動のようすを記録することができます。

【記録タイマーの使い方】 1秒間に50回打点する場合

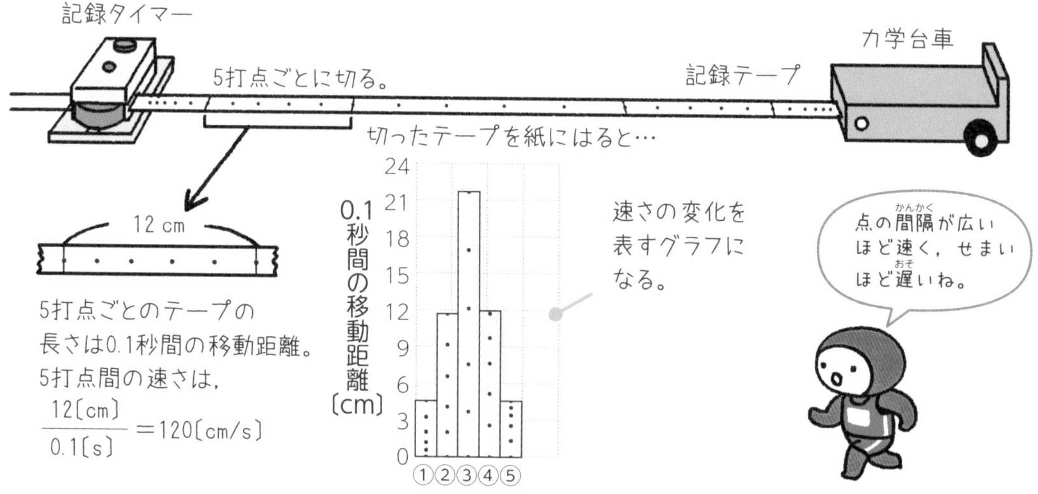

基本練習

答えは別冊3ページ

1 2時間に72 km進む自動車の速さは何m/sか，求めましょう。

速さ＝〔　　〕m／〔　　〕s ＝〔　　〕m/s

2 記録タイマーを使って速さを調べました。次の問いに答えましょう。

(1) 記録テープを手で引いて速さを比べました。A，Bのどちらの方が速いですか。

〔　　〕

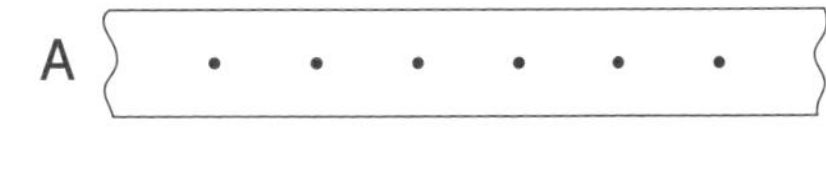

(2) 1秒間に50回打点する記録タイマーで，台車の運動を記録しました。

① P点からQ点を打つまでの時間は何秒ですか。

〔　　〕

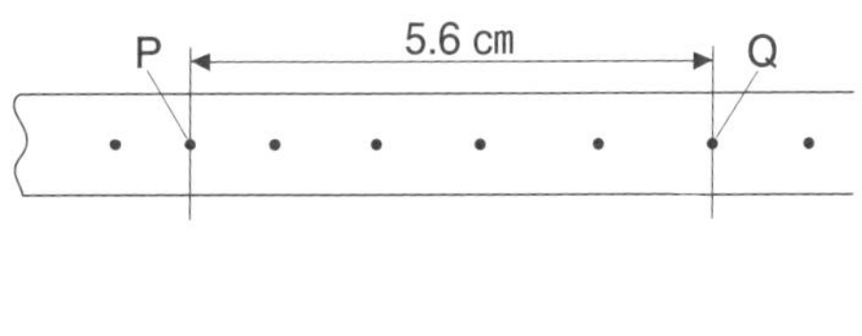

② P点からQ点を打つまでの間の台車の速さは何cm/sですか。

(3) 1秒間に60回打点する記録タイマーで，台車の運動を記録しました。

① 記録テープの連続した２打点の間隔は，何秒間の移動距離を表していますか。分数で答えましょう。

② 0.1秒間の移動距離を調べるためには，何打点ごとの記録テープの長さをはかればよいですか。

ミス注意　求める速さの単位に合わせて，m/s のときには距離の単位をm，時間の単位を秒にして，cm/s のときは距離の単位をcmにして計算することに注意しよう。

05 等速直線運動
速さが変わらない運動

一定の速さで一直線上を進む運動を，**等速直線運動**といいます。等速直線運動では，移動距離が時間に比例して増加します。

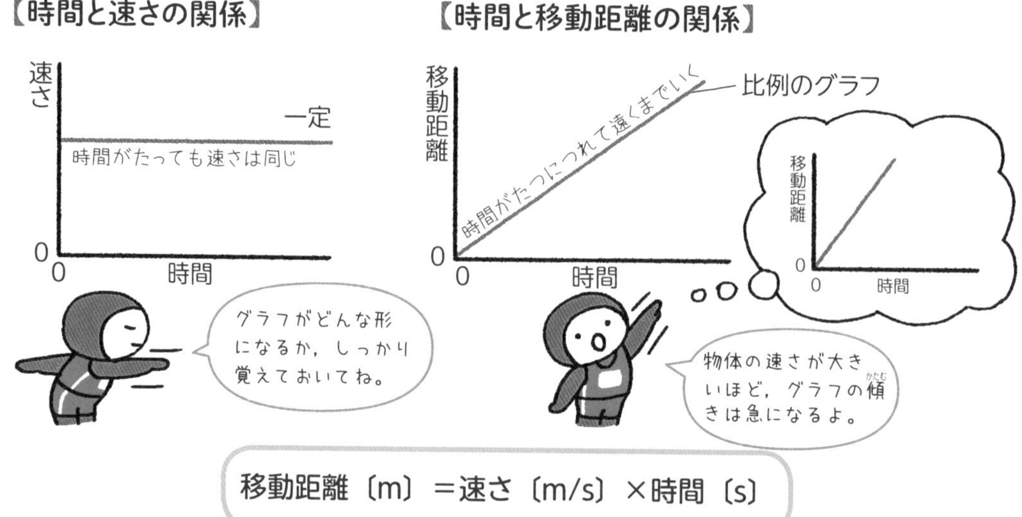

移動距離〔m〕＝速さ〔m/s〕×時間〔s〕

【例題】 速さ3 m/sで等速直線運動をしている物体は，50秒で何m移動しますか。

【解き方】 移動距離＝3〔m/s〕×50〔s〕＝［　　　］〔m〕

【答え】150

すべての物体がもつ，それまでの運動を続けようとする性質を**慣性**といいます。

【慣性の法則】

物体に力がはたらいていない
物体にはたらいている力がつり合っている　} とき

{ 静止している物体は，静止し続ける。
{ 運動している物体は**等速直線運動**を続ける。

基本練習

答えは別冊4ページ

1 次の文の〔　〕にあてはまる語句を書きましょう。

(1) 一定の速さで一直線上を動く運動を〔　　　　〕という。

(2) 物体がそれまでの運動を続けようとする性質を〔　　　　〕という。

(3) 物体に力がはたらいていないとき，または，物体にはたらいている力が〔　　　　〕いるとき，静止している物体は静止し続け，運動している物体は〔　　　　〕を続ける。

2 右のグラフからあてはまるものを選びましょう。

(1) 等速直線運動の時間と速さの関係を表すグラフ〔　　　　〕

(2) 等速直線運動の時間と移動距離を表すグラフ〔　　　　〕

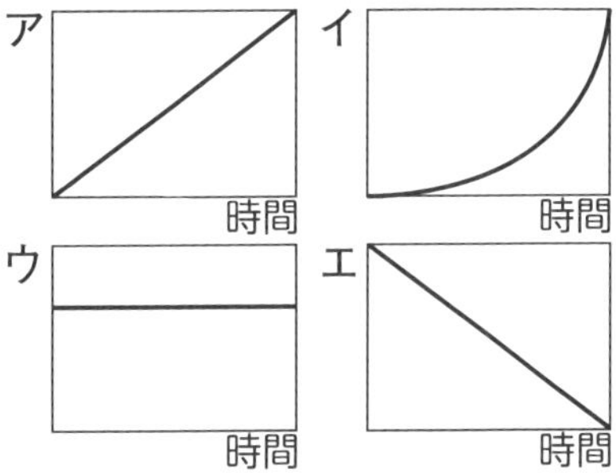

3 自動車が15秒間に120 m進む等速直線運動をしています。これについて，次の問いに答えましょう。

(1) 自動車の速さは，何m/sですか。〔　　　　〕

(2) 自動車は200秒間に何m進みますか。〔　　　　〕

ポイント　等速直線運動をしている物体は，力がはたらいていないか，はたらいていてもつり合っていることを覚えよう。

06 速さが変わる運動 どんどん速くなる運動

斜面(しゃめん)を下(くだ)る台車は，運動の向きに，常に一定の大きさで重力の斜面に平行な分力を受け続けます。そのため，速さは一定の割合で増加します。

【斜面を下る運動】

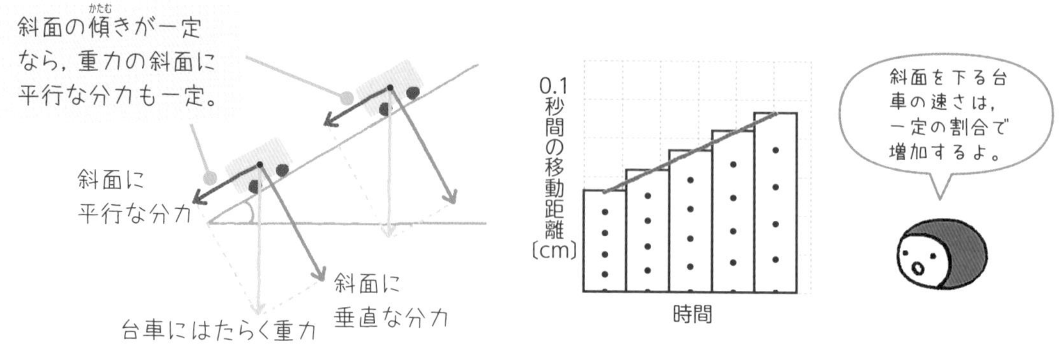

斜面の傾きを大きくすると，台車にはたらく重力の斜面に平行な分力が大きくなります。運動の向きに受ける力が大きくなるので，速さが増加する割合は大きくなります。

【斜面の傾きが大きい場合】

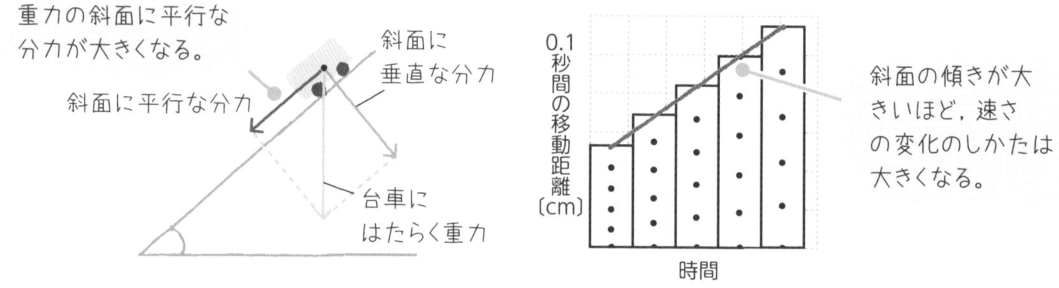

静止している物体が重力を受けて垂直に落下する運動を**自由落下(じゆうらっか)**（自由落下運動）といいます。速さが増加する割合は斜面を下る運動より大きくなります。

【自由落下】

基本練習

答えは別冊4ページ

1 斜面を下る台車について，次の問いに答えましょう。

(1) 斜面を下る台車には，重力の斜面に平行な分力がはたらいています。台車が斜面を下るにつれて，この力の大きさはどのように変化しますか。

ア 大きくなる。 イ 小さくなる。
ウ 変化しない。

〔　　　〕

(2) 斜面を下るにつれて，台車の速さはどのように変化しますか。

ア だんだん速くなる。 イ だんだん遅(おそ)くなる。
ウ 変化しない。

〔　　　〕

(3) 斜面の傾きが大きくなると，台車の速さが変化する割合はどのようになりますか。

〔　　　〕

(4) 次の文の〔　　〕にあてはまる語句を答えましょう。

自由落下をする物体には，同じ大きさの〔　　　〕がはたらき続けるので，落下する速さは一定の割合で増加する。その割合は，同じ物体が斜面を下るときよりも〔　　　〕なる。

ミス注意 斜面を下る物体には一定の大きさの力がはたらき，速さが一定の割合で増加することに注意しよう。

もっとくわしく

斜面を上(のぼ)る運動

斜面を上る物体は，斜面に平行な重力の分力を下向き（運動と反対の向き）に受け続けます。そのため，速さは一定の割合で減少し，やがて一瞬静止した後，斜面を下り始めます。

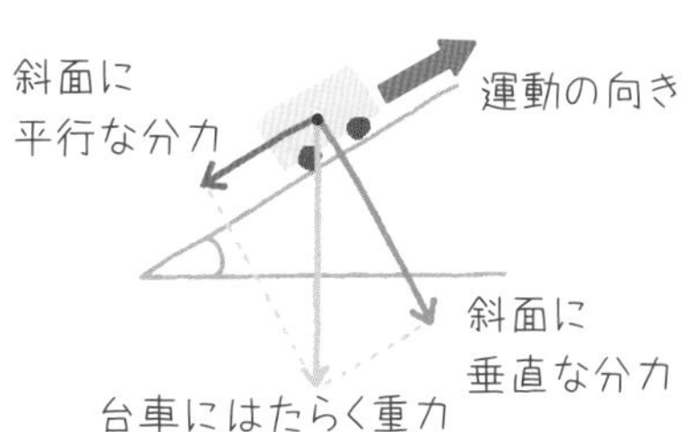

07 押したら押し返される!?

作用・反作用

ある物体がほかの物体に力（作用）を加えると，同時にほかの物体から，大きさが同じで，反対向きの，一直線上にある力（反作用）を受けます。これを，**作用・反作用の法則**といいます。

【作用・反作用の法則】

作用・反作用の２つの力は，
- 大きさが同じ。
- 一直線上にある。
- 向きが反対。
- ２つの物体の間にはたらく。

例1：本を机の上に置く

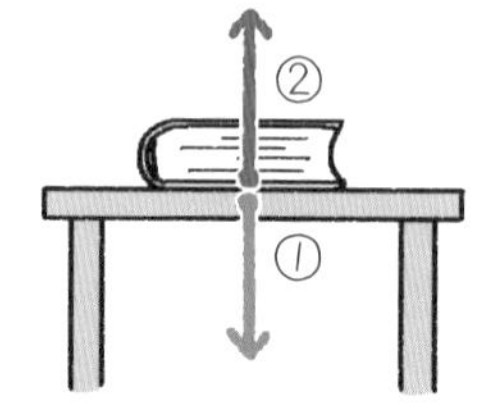

①**作用**…本が机を押す力
②**反作用**…机が本を押し返す力

この力を垂直抗力というよ！

例2：スタートダッシュ

①**作用**…足がスターティングブロックを押す（ける）力
②**反作用**…足がスターティングブロックを押し返す力

「○が△を押す力」を作用とすると，「△が○を押す力」が反作用となります。このように，作用・反作用はたがいに相手の物体にはたらく力です。

つり合っている２力と作用・反作用の２力は，どちらも大きさが同じで，一直線上にあり，反対向きの力ですが，次のようなちがいがあります。

【力のつり合い】

→１つの物体にはたらく力のつり合い。

台がぬいぐるみを押す力（垂直抗力）

地球がぬいぐるみを引く力（重力）

台

【作用・反作用】

→２つの物体に別々にはたらく。

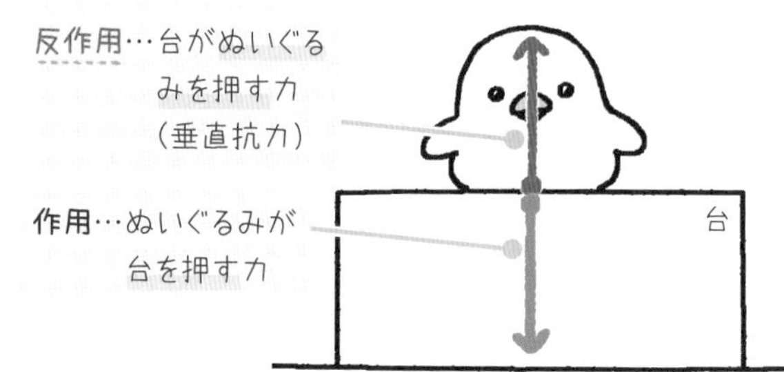

基本練習

答えは別冊4ページ

1 次の文の〔　〕にあてはまる語句を答えましょう。

(1) 物体Aが物体Bに力を加えると，同時に物体Aは物体Bから力を受ける。物体Bから受ける力は，物体Aが加えた力と〔　　　　〕大きさで，〔　　　　〕向きである。また，この2つの力は一直線上にある。

(2) (1)のことを，〔　　　　〕の法則という。

(3) つり合っている2力は〔　　　　〕つの物体にはたらく。

(4) 作用・反作用の2力は，〔　　　　〕つの物体の間にはたらく。

2 右の図のように，A君がスケートボードに乗って壁(かべ)を押すと，A君は壁から離れる向きに動きました。次の問いに答えましょう。

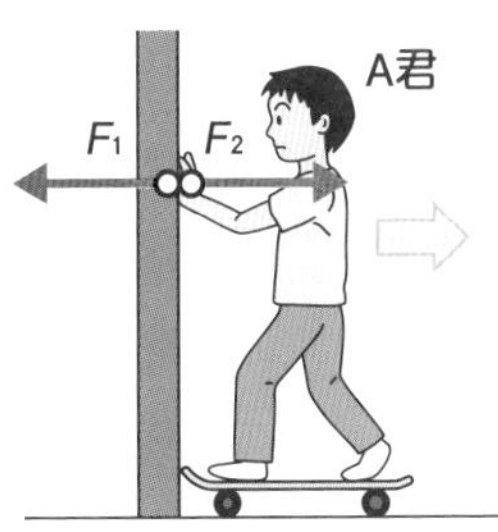

(1) A君が壁を押す力を作用としたとき，反作用を表しているのはF_1，F_2のどちらですか。

〔　　　　〕

(2) F_1，F_2の力の大きさの関係を，<，>，=のどれかを用いて書きましょう。

F_1〔　　　　〕F_2

3 本を机の上に置いたとき，「作用・反作用」の関係にある力はどれとどれですか。2つ選びましょう。

ア　机が本を押す力　　イ　本にはたらく重力

ウ　本が机を押す力

〔　　　　〕

ミス注意　つり合う2力は1つの物体にはたらき，作用・反作用は別々の物体にはたらく力であることに注意しよう！

復習テスト 1

1

右の図について，次の問いに答えましょう。　【各５点　計15点】

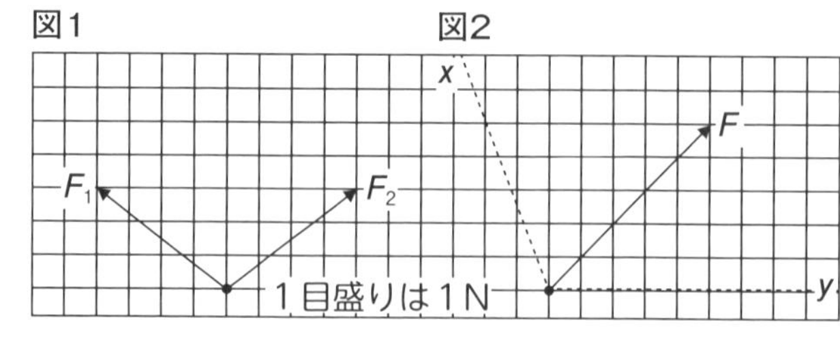

(1)　図１のF_1，F_2の合力を図の中にかきなさい。

(2)　図１のF_1，F_2の合力の大きさは何Nですか。

［　　　　　　］

(3)　図２のFのx，y方向の分力を図の中にかきなさい。

2

右の図のように直方体の形をした物体Aをばねばかりにつるすと0.80 Nを示しました。次に物体Aを水に沈めるとばねばかりは0.64 Nを示しました。次の問いに答えましょう。　【各５点　計15点】

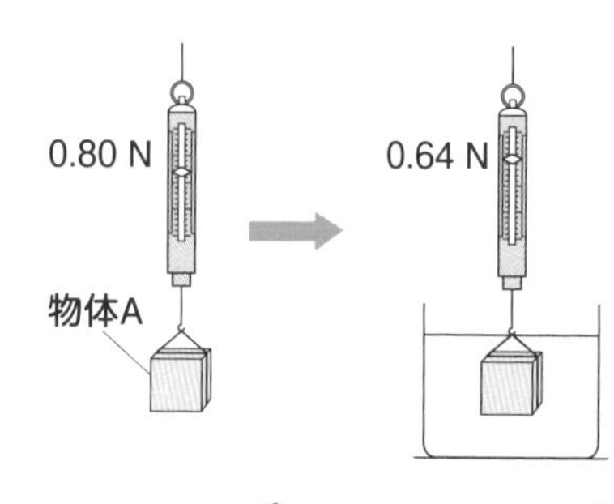

(1)　水に沈めたときに物体Aの上の面と下の面にはたらく水圧はどちらが大きいですか。

［　　　　　　］

(2)　図のとき，物体Aにはたらく浮力は何Nですか。

［　　　　　　］

(3)　さらに沈めると，ばねばかりの示す値はどうなりますか。

［　　　　　　］

3

右の図のような装置をゴム膜が上下になるようにして水中に入れ，水圧のはたらき方を調べました。ゴム膜のようすとして適切なものを選びましょう。　【10点】

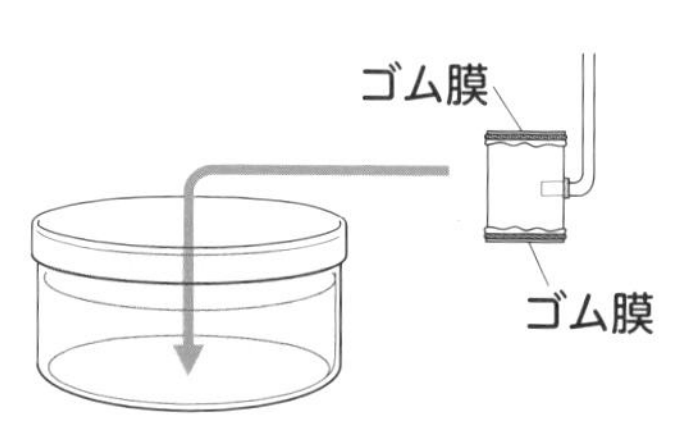

ア 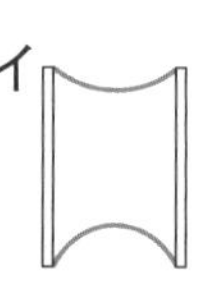　イ 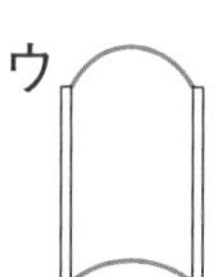　ウ 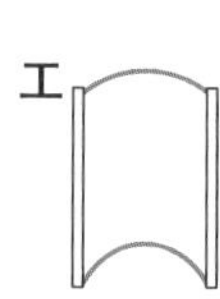　エ

［　　　　　　］

4

東海道新幹線「のぞみ号」は，東京・新大阪間約550 kmを約２時間30分で走ります。次の問いに答えましょう。 【各５点　計15点】

(1) のぞみ号の平均の速さは，何km/hですか。 [　　　　]

(2) (1)の速さは，何m/sですか。四捨五入して整数で答えましょう。 [　　　　]

(3) のぞみ号が通過駅である静岡駅を通過しているときに，スピードメーターが示す速さを何といいますか。 [　　　　]

5

右の図は水平な机の上での台車の運動を，1秒間に50回打点する記録タイマーで記録したものです。次の問いに答えましょう。 【各５点　計30点】

A　B
12.4 cm　12.4 cm　12.4 cm

(1) 記録タイマーがＡ点を打ってからＢ点を打つまでの時間は何秒ですか。また，図のＡＢ間の台車の平均の速さは，何cm/sですか。

時間 [　　　　]　速さ [　　　　]

(2) 図を記録したときに，台車には水平方向に力がはたらいていますか，はたらいていませんか。 [　　　　]

(3) 図を記録したときの台車の運動を何といいますか。 [　　　　]

(4) 次の①，②の[　]にあてはまることばを答えましょう。

物体に力がはたらいていないときや，力がはたらいていても①[　　　　]いるときには，静止している物体は静止し続け，運動している物体は(3)の運動を続ける。物体のもつこのような性質を②[　　　　]という。

6

斜面を下る台車の運動を１秒間に50回打点する記録タイマーで記録すると，右の図のようになりました。次の問いに答えましょう。 【各５点　計15点】

テープの長さ〔cm〕
7
5
3
0
時間

(1) 台車の速さは，しだいにどうなっていますか。 [　　　　]

(2) 斜面の傾きを大きくすると，台車にはたらく重力の斜面に平行な分力の大きさはどうなりますか。 [　　　　]

(3) (2)の結果，台車の速さの変化の割合はどうなりますか。 [　　　　]

08 仕事と仕事率 理科の「仕事」とは？

物体に力を加えて力の向きに物体を動かしたとき，力は物体に**仕事**をしたといいます。仕事は，力の大きさと力の向きに動かした距離の積で表し，単位は**ジュール**（記号**J**）です。

仕事〔J〕＝ 力の大きさ〔N〕× 力の向きに動かした距離〔m〕

【物体を持ち上げる仕事】

物体を持ち上げる力＝物体にはたらく重力

【物体を床の上で動かす仕事】

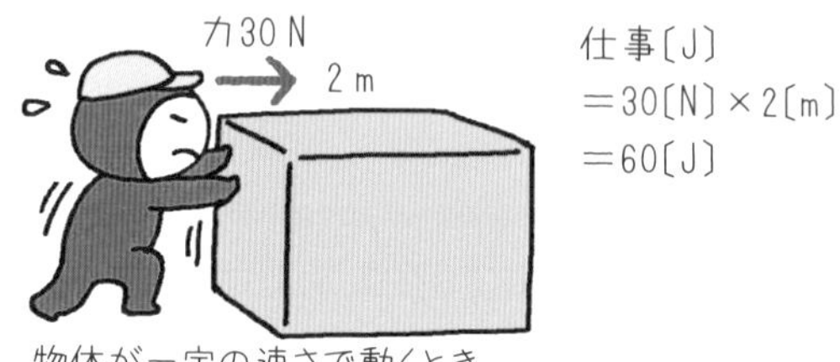

物体が一定の速さで動くとき
物体を押す力＝物体にはたらく摩擦力

物体に力を加えても動かないときや，力の向きと移動の向きが垂直になる場合には，仕事は0になります。

【仕事が0になる場合】

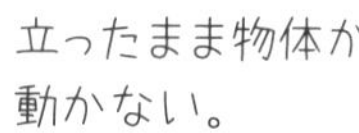

立ったまま物体が動かない。

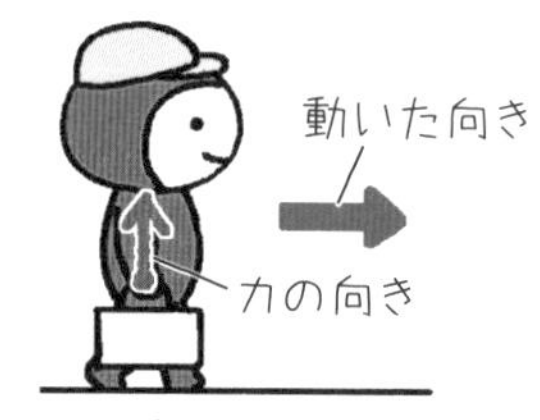

力の向きと動いた向きが垂直。

1秒間にする仕事を**仕事率**といいます。仕事率の単位は，**ワット**(記号**W**)です。

$$仕事率〔W〕= \frac{仕事〔J〕}{時間〔s〕}$$

100Nの重力がはたらく物体を2mの高さまで引き上げる仕事の大きさは　100〔N〕×2〔m〕=200〔J〕

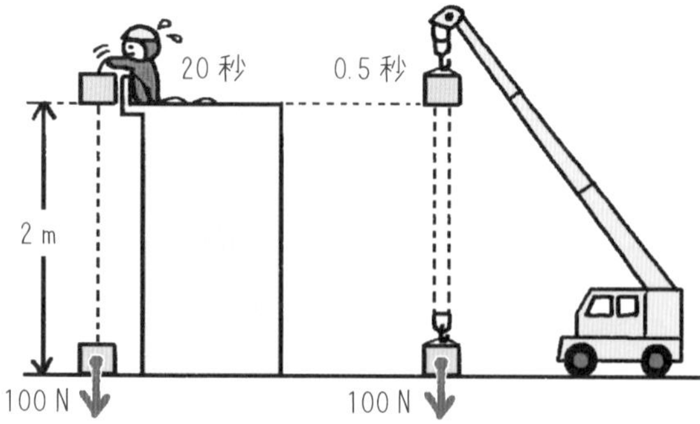

人の仕事率

$$\frac{200〔J〕}{20〔s〕}=10〔W〕$$

クレーンの仕事率

$$\frac{200〔J〕}{0.5〔s〕}=400〔W〕$$

クレーンの方が能率がいいね。

基本練習

答えは別冊4ページ

1 **次の問いに答えましょう。ただし100 gの物体にはたらく重力を１Nとします。**

(1)　物体に加えた力の大きさと，物体が力の向きに動いた距離の積で表される量を何といいますか。

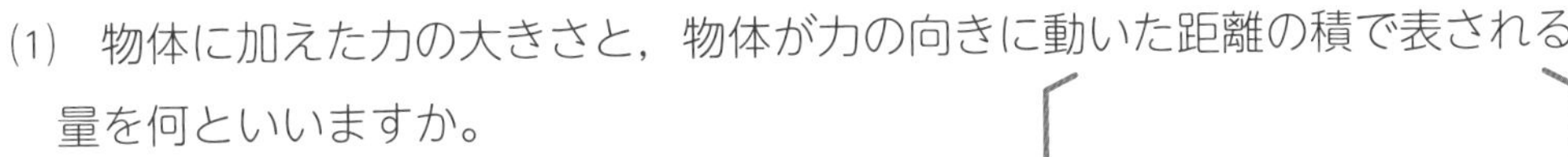

(2)　10 kgの荷物を持って立っているとき，力は荷物に対して(1)をしていますか，していませんか。

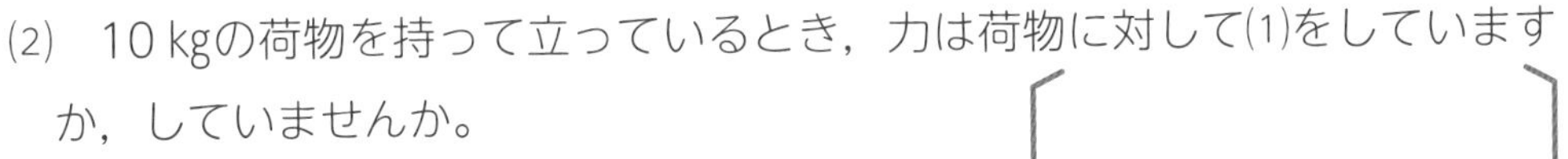

(3)　１秒間あたりにする(1)を何といいますか。〔　　　　〕

(4)　６kgの荷物を２mの高さまで持ち上げました。このときの(1)は何Jですか。〔　　　　〕

(5)　６kgの荷物を２mの高さまで持ち上げるのに２秒かかりました。このときの(3)は何Wですか。

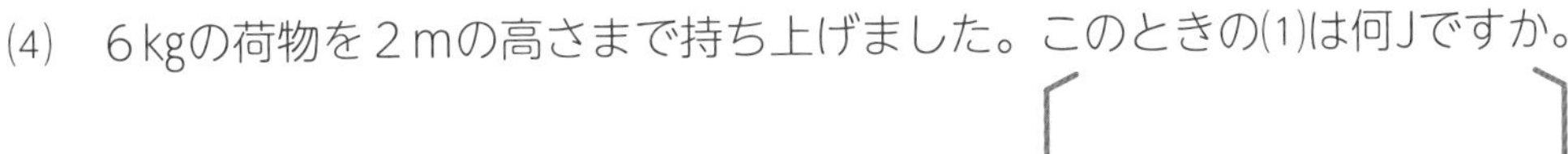

2 **図のように，水平な床の上で６kgの物体を45 Nの力で引きました。このとき，３m動かすのに５秒かかりました。次の問いに答えましょう。**

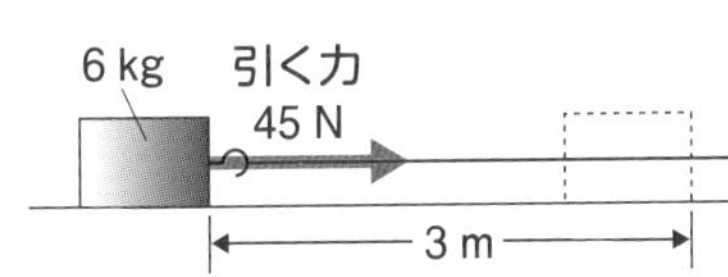

(1)　このときの仕事は何 J ですか。〔　　　　〕

(2)　仕事率は何Wですか。〔　　　　〕

ミス注意　物体に力を加えても動かないときや力の向きと移動の向きが垂直になるときは，力は仕事をしていないことに注意しよう。

09 「仕事」を楽にする方法

仕事の原理

定滑車を使うと力の向きが変わります。動滑車を使うと力の大きさはおもりの重さの$\frac{1}{2}$になりますが，ひもを引く距離はおもりの移動距離の２倍になります。

【定滑車】

- おもりを引き上げる向きと力の向きが逆になる。
- 力の大きさは変わらない。

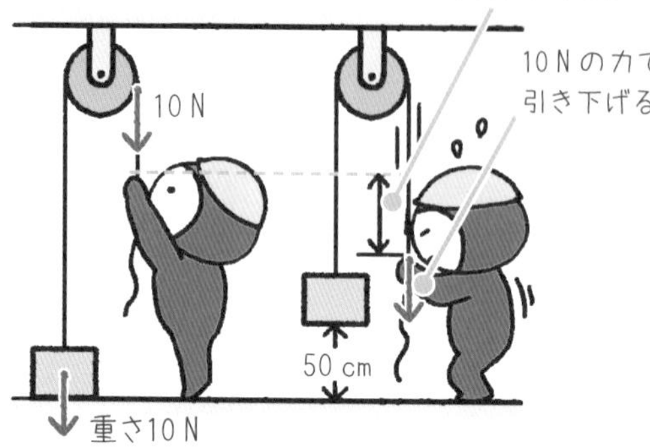

【動滑車】

- おもりを引き上げる向きと力の向きは同じ。
- 力の大きさは$\frac{1}{2}$になる。

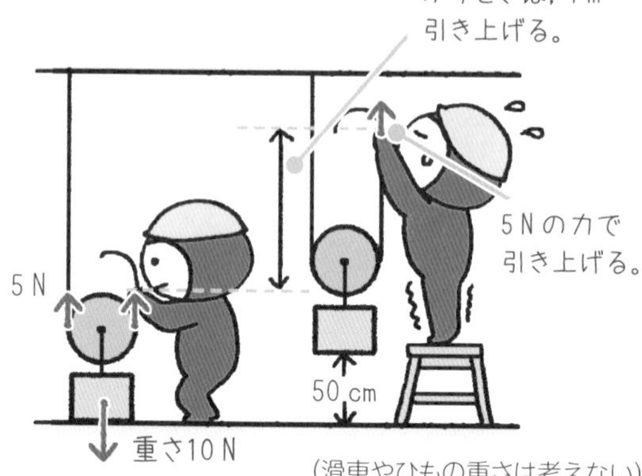

（滑車やひもの重さは考えない）

定滑車や動滑車のような道具を使っても，仕事の大きさは道具を使わないときと変わりません。このように，道具を使っても使わなくても，仕事の大きさが変わらないことを**仕事の原理**といいます。

【仕事の原理】

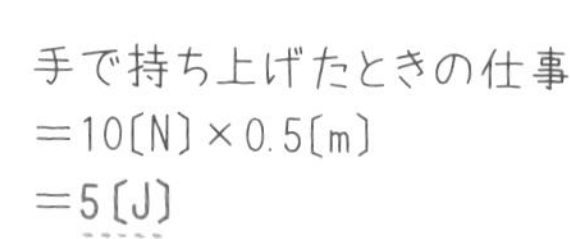

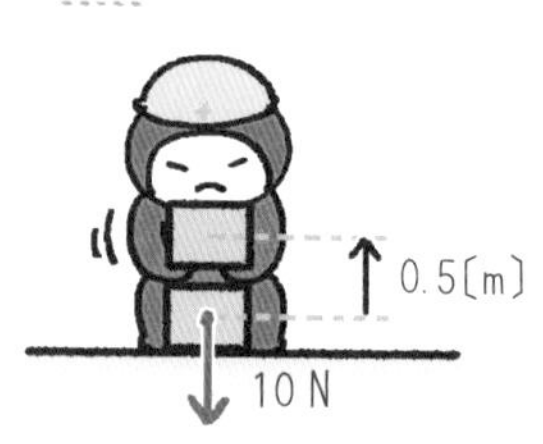

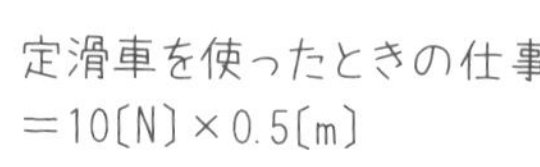

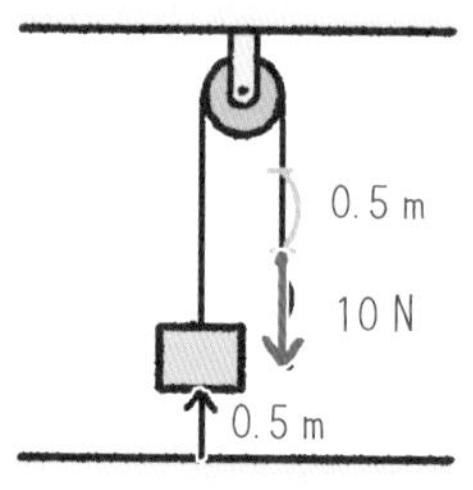

動滑車を使ったときの仕事
＝5〔N〕×1〔m〕
＝5〔J〕

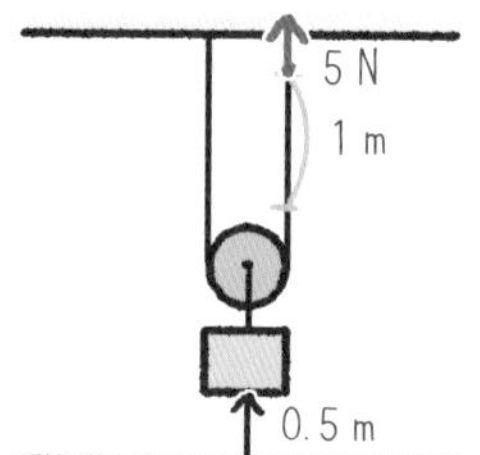

てこを使ったときの仕事＝5〔N〕×1〔m〕＝5〔J〕

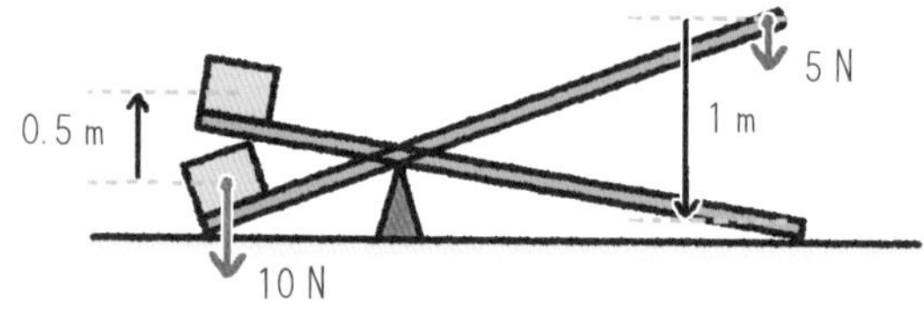

基本練習

答えは別冊5ページ

1 **てこや滑車などの道具を使っても使わなくても，仕事の大きさが変わらないことを何といいますか。**

〔　　　　　〕

2 **右の図のようにして，6Nの物体を1m引き上げました。**

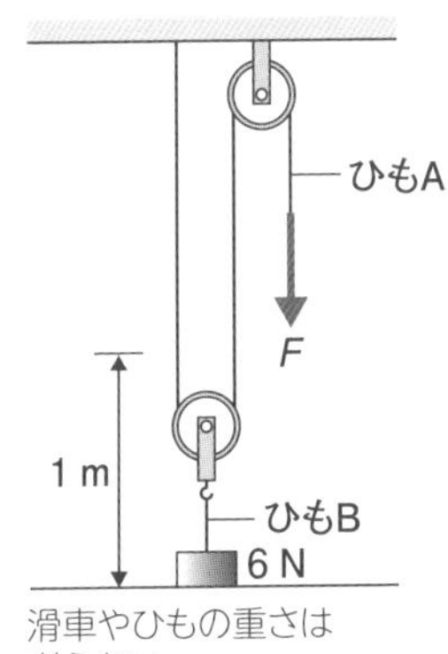

滑車やひもの重さは考えない。

(1) ひもAを引いて物体を引き上げました。このとき，ひもAを引く力Fの大きさは何Nですか。

〔　　　　　〕

(2) (1)のとき，ひもAを引く距離は何mですか。

〔　　　　　〕

(3) (1)のとき，仕事は何Jですか。

〔　　　　　〕

(4) 次に，ひもBを手で持って物体を1m引き上げました。ひもAを引いたときと比べて小さくなるものは，次のうちどれですか。

〔　　　　　〕

ア　ひもを引く力　　イ　ひもを引く距離

ウ　仕事

ポイント　**動滑車を使うとひもを引く力は物体の重さの$\frac{1}{2}$，ひもを引く距離は物体を動かす距離の2倍になることを覚えよう。**

もっとくわしく

斜面（しゃめん）を使ったときの仕事

斜面を使って重さ10Nの物体を1mの高さまで引き上げる仕事を考えます。直接持ち上げた場合の仕事は10〔N〕×1〔m〕=10〔J〕です。直角三角形の辺の比から，ひもを引く力は，重力（じゅうりょく）の斜面に平行な分力（ぶんりょく）の大きさと同じ5N，ひもを引き上げる距離は2mで，仕事は5〔N〕×2〔m〕=10〔J〕となり，直接持ち上げた場合と同じです。

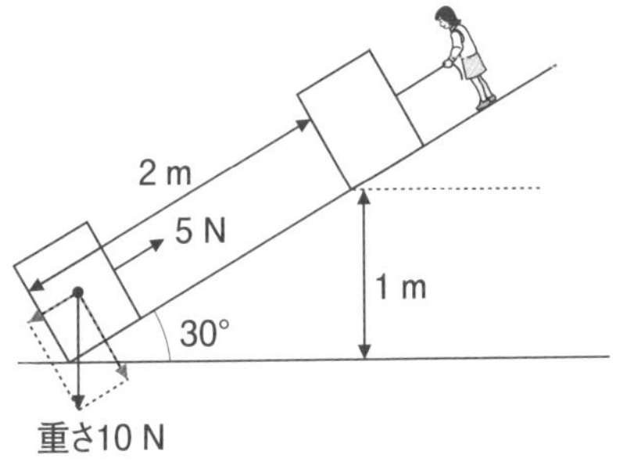

10 エネルギー

エネルギーって何？

ほかの物体に対して，仕事(しごと)をする能力のことを**エネルギー**といいます。エネルギーの単位は，仕事と同じジュール（記号 J）です。

運動している物体がもっているエネルギーを**運動(うんどう)エネルギー**，高いところにある物体がもっているエネルギーを**位置(いち)エネルギー**といいます。

【運動エネルギー】 運動している物体がもっているエネルギー

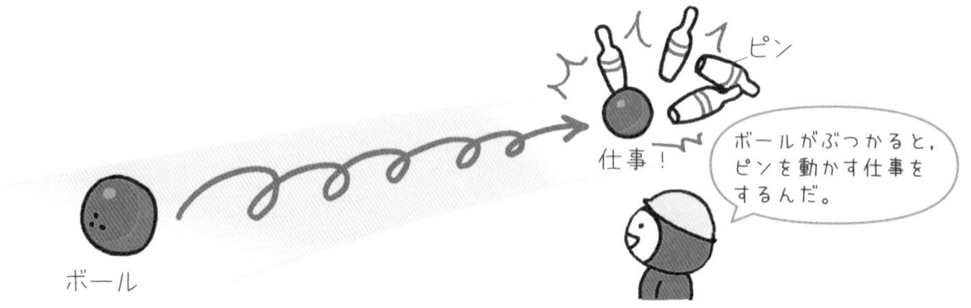

【位置エネルギー】 高いところにある物体がもっているエネルギー

物体が仕事をすると物体のもつエネルギーが減少し，仕事をされると物体のもつエネルギーが増加します。

【エネルギーと仕事の関係】

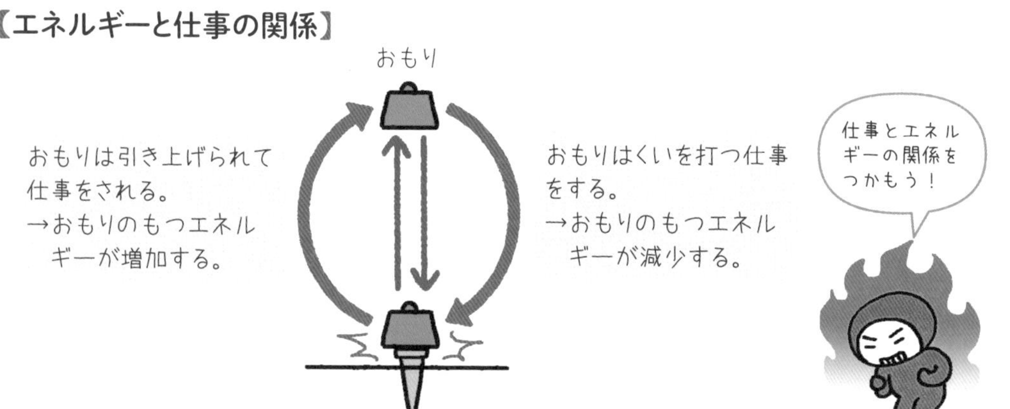

基本練習

答えは別冊5ページ

1 次の問いに答えましょう。

(1) ほかの物体に対して，仕事をする能力を何といいますか。

〔　　　　　　〕

(2) 運動している物体がもっているエネルギーを何といいますか。

〔　　　　　　〕

(3) 高いところにある物体がもっているエネルギーを何といいますか。

〔　　　　　　〕

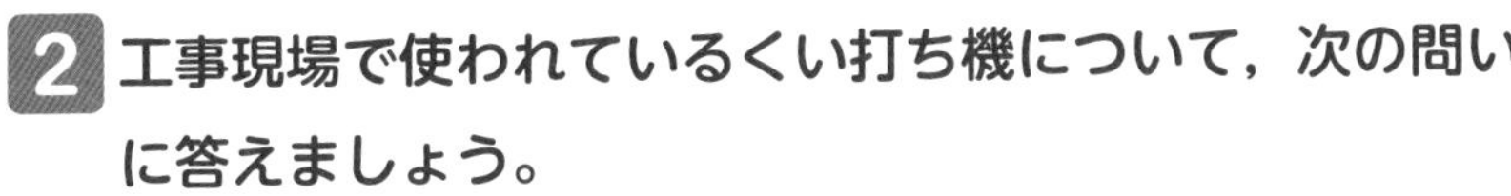

2 工事現場で使われているくい打ち機について，次の問いに答えましょう。

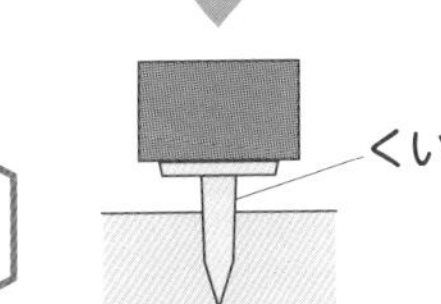

(1) くい打ち機のおもりを引き上げました。おもりは仕事をしましたか，されましたか。

〔　　　　　　〕

(2) (1)で，おもりのもつエネルギーは増加しましたか，減少しましたか。

〔　　　　　　〕

(3) おもりが落下してくいを打ったとき，おもりは仕事をしましたか，されましたか。

〔　　　　　　〕

(4) (3)で，おもりのもつエネルギーは増加しましたか，減少しましたか。

〔　　　　　　〕

ポイント 台車が物体にぶつかったときのように，物体が外から仕事をされると，物体がもつエネルギーは増加することを覚えよう。

11 運動エネルギー，位置エネルギー
エネルギーの大きさは何で決まる？

物体のもつ**運動エネルギー**は，物体の速さが大きいほど，物体の質量が大きいほど，大きくなります。

【運動エネルギーの大きさを決めるもの】

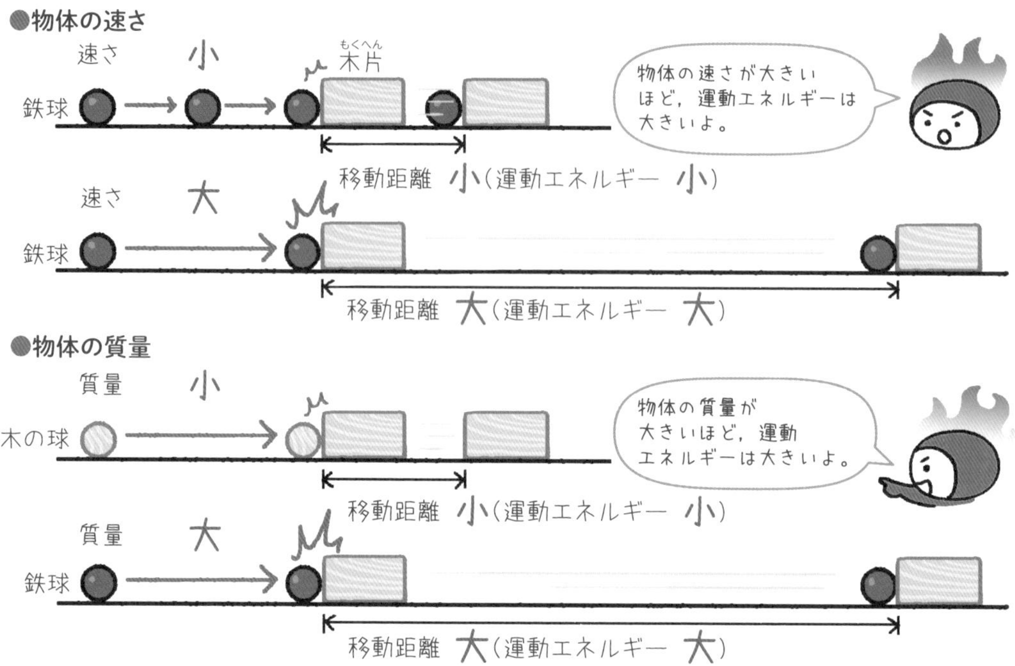

物体のもつ**位置エネルギー**は，基準面からの高さが高いほど，物体の質量が大きいほど，大きくなります。

【位置エネルギーの大きさを決めるもの】

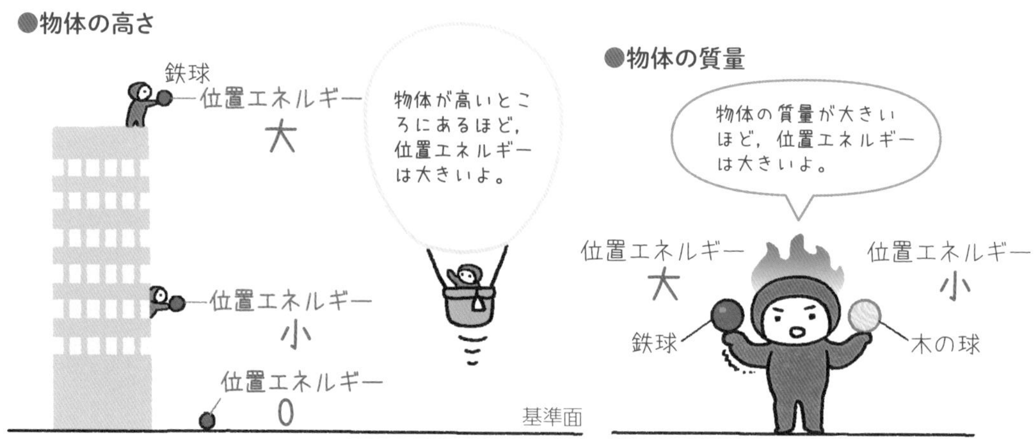

基本練習

答えは別冊5ページ

1 次の〔　　〕にあてはまる語句や数値を書きましょう。

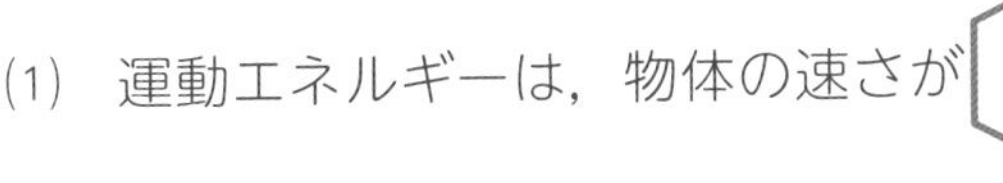

(1) 運動エネルギーは，物体の速さが〔　　　　　　〕ほど，また，質量が〔　　　　　　〕ほど，大きくなる。

(2) 位置エネルギーは，物体の基準面からの高さが〔　　　　　　〕ほど，また，物体の質量が〔　　　　　　〕ほど，大きくなる。

2 図のように，水平な台の上で小球を転がして木片に当てて，木片の移動距離を調べました。これについて，次の問いに答えましょう。

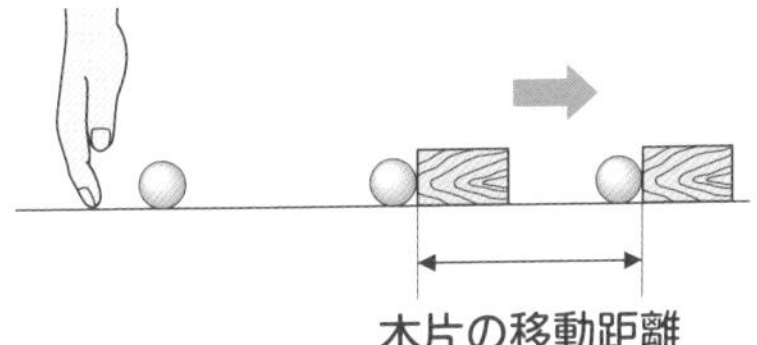

(1) 小球が木片に当たる前にもっているエネルギーを何といいますか。

〔　　　　　　〕

(2) 小球の速さを大きくして木片に当てると，木片の移動距離はどうなりますか。〔　　　　　　〕

(3) 質量が大きい金属球に変えて同じ速さで木片に当てると，木片の移動距離はどうなりますか。〔　　　　　　〕

3 小球のもつ位置エネルギーが大きい順に，次のア～ウを並べましょう。

ア　1 mの高さにある10 gの小球
イ　2 mの高さにある20 gの小球
ウ　1 mの高さにある20 gの小球

〔　　　→　　　→　　　〕

物体の質量が大きいほど，運動エネルギーも位置エネルギーも大きくなることを覚えよう。

12 エネルギーは，なくならない！

力学的エネルギーの保存

　位置エネルギーと運動エネルギーは，互いに移り変わります。ジェットコースターを例に見てみましょう。ジェットコースターは，はじめに最も高い位置に引き上げられて位置エネルギーが最大になります。下るときには位置エネルギーが運動エネルギーに移り変わり，最も低い基準面では運動エネルギーが最大になります。

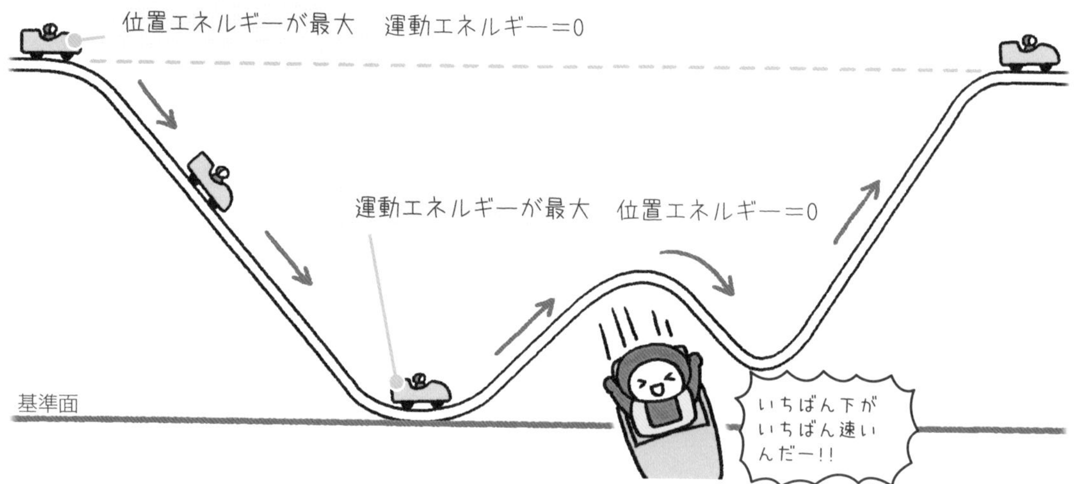

　位置エネルギーと運動エネルギーの和を**力学的エネルギー**といい，摩擦や空気の抵抗がなければ，物体のもつ力学的エネルギーは一定に保たれます。これを，**力学的エネルギーの保存**(力学的エネルギー保存の法則)といいます。

力学的エネルギー＝位置エネルギー＋運動エネルギー

【振り子における力学的エネルギーの保存】

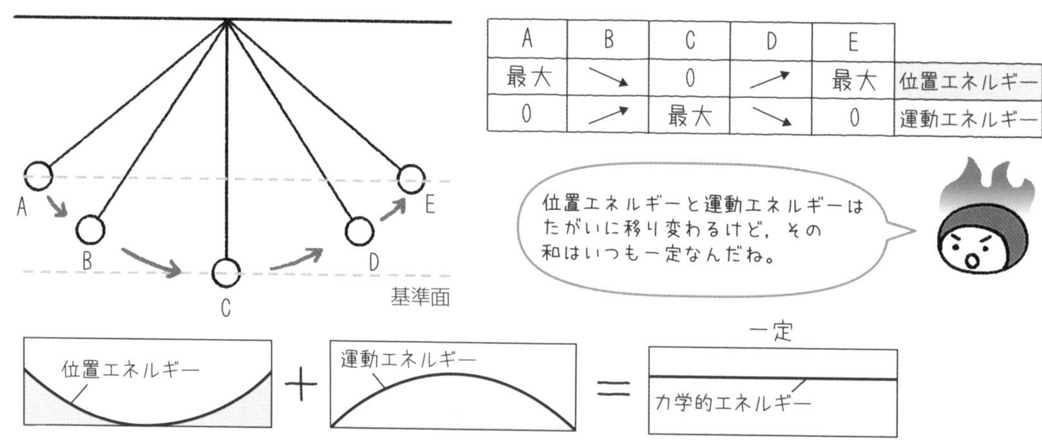

A	B	C	D	E	
最大	↘	0	↗	最大	位置エネルギー
0	↗	最大	↘	0	運動エネルギー

基本練習

答えは別冊5ページ

1 次の文の〔　　〕にあてはまる語句を書きましょう。

位置エネルギーと運動エネルギーの和を〔　　　　　　　　〕
といい，この値が一定に保たれることを
〔　　　　　　　　〕という。

2 右の図のように運動する振り子について，次の問いに答えましょう。

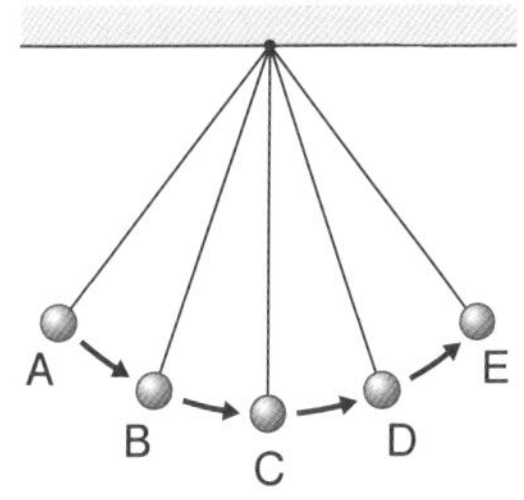

(1) おもりの速さが最も大きいのは，A～Eのどの点ですか。〔　　　　〕

(2) おもりのエネルギーが次のようになるのは，A～Eのどの区間ですか。

①運動エネルギーが増加している。〔　　～　　〕

②位置エネルギーが増加している。〔　　～　　〕

ポイント 振り子は，おもりがいちばん低くなったときにおもりの位置エネルギーが0になり，運動エネルギーと速さが最大になるということをおさえよう。

もっと くわしく

エネルギーの保存

実際にはジェットコースターはもとの高さまで上がれません。これは力学的エネルギーが熱や音などのほかのエネルギーに移り変わるからです。しかし，熱や音に変化したエネルギーをふくめると，エネルギーの総量は一定に保たれています。これを「エネルギーの保存（エネルギー保存の法則）」といいます。

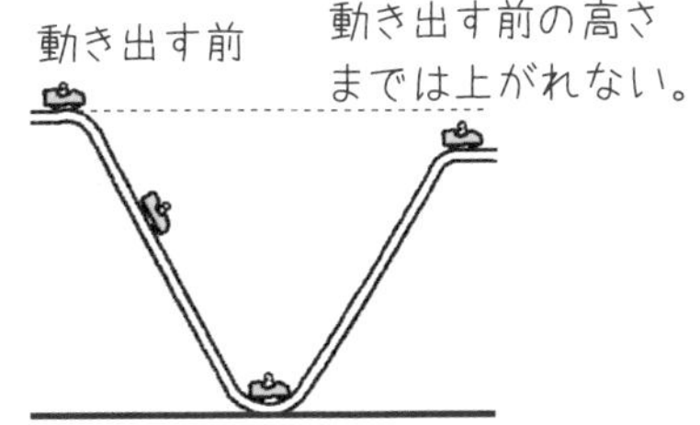

復習テスト 2

➔ 答えは別冊17ページ

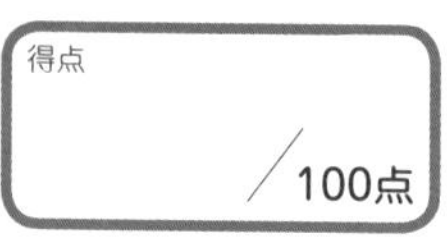

1章 運動とエネルギー

1 次のとき，荷物に対してした仕事は何Jですか。ただし，100 gの物体にはたらく重力の大きさを1 Nとし，荷物にした仕事がない場合には「0 J」と答えましょう。

【各5点　計20点】

(1) 定滑車を使って，5 kgの荷物を1 m引き上げた。 [　　　　]

(2) 5 kgの荷物を両手で支えて，水平に3 m移動した。 [　　　　]

(3) 5 kgの荷物を持って，3分間立っていた。 [　　　　]

(4) 机の上の5 kgの荷物を，30 Nの力で水平に押して1 mすべらせた。 [　　　　]

2 図1のように，Aさんと Bさんが質量15 kgの物体を高さ2 mまで引き上げました。100 gの物体にはたらく重力の大きさを1 Nとし，滑車やひもの重さ，摩擦などはないものとして，次の問いに答えましょう。

【各5点　計30点】

図1

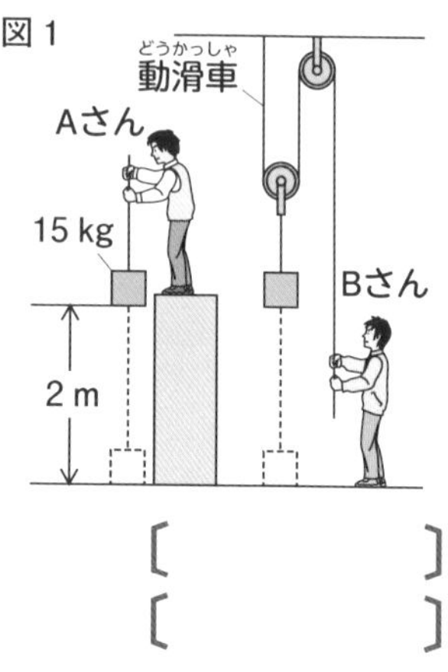

(1) Aさんが物体にした仕事は何Jですか。 [　　　　]

(2) Bさんがひもを引いた力は何Nですか。 [　　　　]

(3) Bさんがひもを引いた長さは何mですか。 [　　　　]

(4) Aさんが物体を2 m引き上げるのに6秒かかりました。仕事率は何Wですか。 [　　　　]

図2

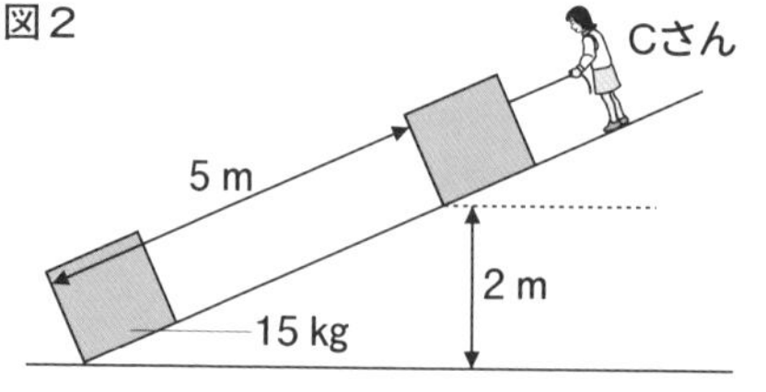

(5) Cさんは，図2のように15 kgの物体を斜面を使って2 mの高さまで引き上げました。Cさんのした仕事は何Jですか。 [　　　　]

(6) Cさんがひもを引いた力は何Nですか。 [　　　　]

3

図1のように運動する振り子があります。図2はこのときのおもりの位置エネルギーの変化をグラフに表したものです。次の問いに答えましょう。ただし，摩擦や空気の抵抗はないものとします。【各5点　計25点】

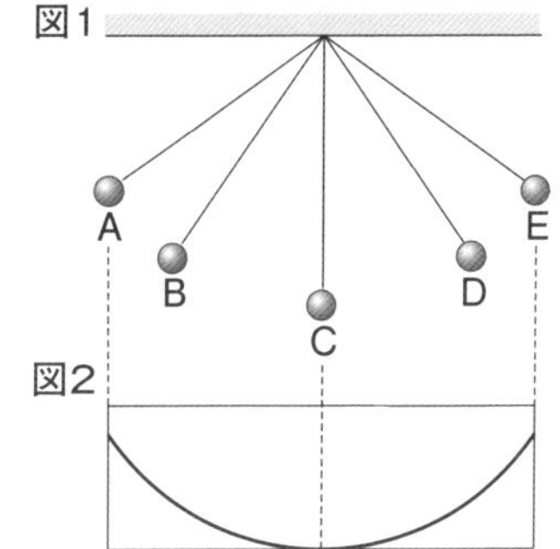

(1) おもりの速さが最も大きくなるのは，A～Eのどの点ですか。 [　　　]

(2) 位置エネルギーと運動エネルギーの和を何といいますか。 [　　　]

(3) AE間での(2)のエネルギーの変化を表すグラフを，図2にかきましょう。

(4) 図3のようにO点にくぎをさし，おもりがC点に達したときに動きが制限されるようにしました。おもりはC点を通過したのち，ア～エのどの高さまで上がりますか。 [　　　]

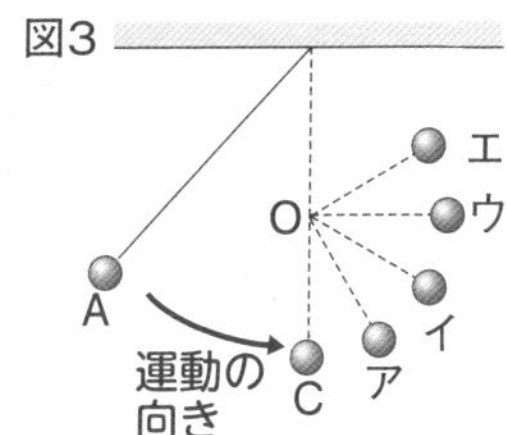

(5) (4)のようになる理由を書きなさい。

[　　　　　　　　　　　　]

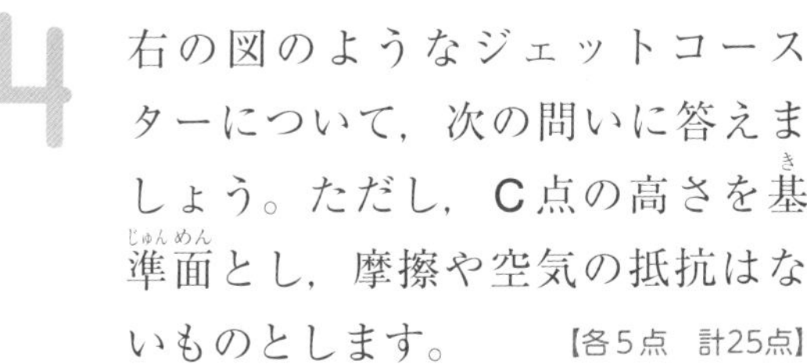

4

右の図のようなジェットコースターについて，次の問いに答えましょう。ただし，C点の高さを基準面とし，摩擦や空気の抵抗はないものとします。【各5点　計25点】

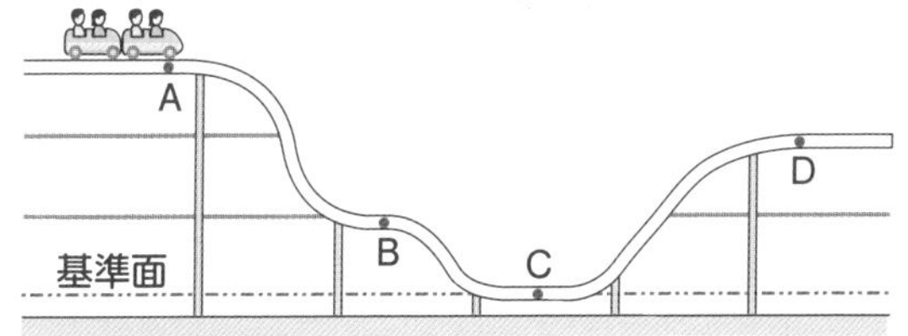

(1) 運動エネルギーが最大になるのは，A～Dのどの点ですか。 [　　　]

(2) A点をより高くしたとき，D点を通過する速さはどうなりますか。 [　　　]

(3) ジェットコースターに乗客が乗っているときと乗っていないときで，C点を通過する運動エネルギーが大きいのはどちらですか。 [　　　]

(4) A点でのジェットコースターの位置エネルギーの大きさをa，B点でのジェットコースターの位置エネルギーの大きさをbとします。このときのB点，C点での運動エネルギーの大きさをa，bで表しましょう。

B点での運動エネルギー [　　　]　　C点での運動エネルギー [　　　]

13 電解質 電気が流れる水溶液

水溶液には電流が流れるものと流れないものがあります。水にとかしたときに水溶液に電流が流れる物質を**電解質**，水溶液に電流が流れない物質を**非電解質**といいます。

- **電解質**→塩化ナトリウム，塩化銅，水酸化ナトリウム，塩化水素
- **非電解質**→砂糖，エタノール

【水溶液に電流が流れるかを調べる実験】

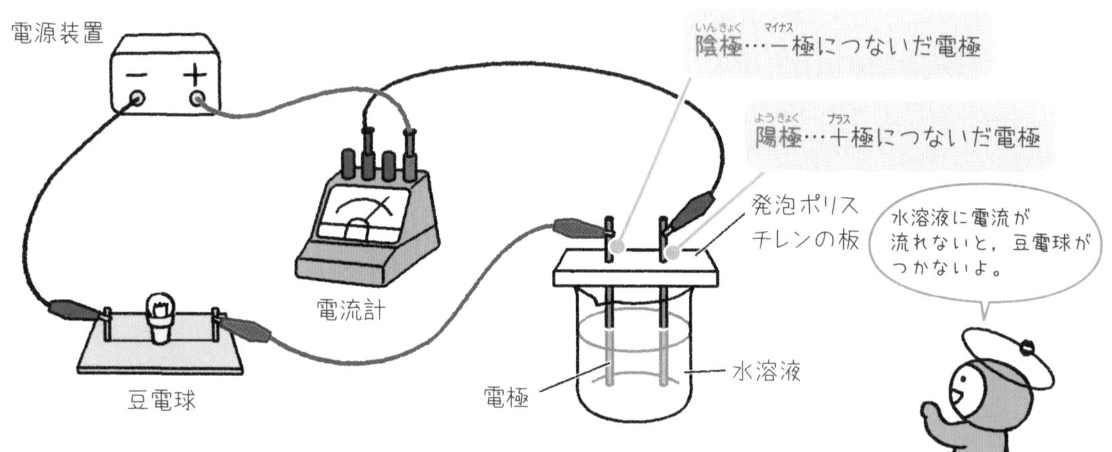

電解質の水溶液に電流を流すと，とけている物質を電気分解することができます。塩化銅水溶液を電気分解すると，陰極に**銅**がつき，陽極から**塩素**が発生します。

【塩化銅水溶液の電気分解】

$$CuCl_2 \longrightarrow Cu + Cl_2$$

塩化銅　銅　塩素

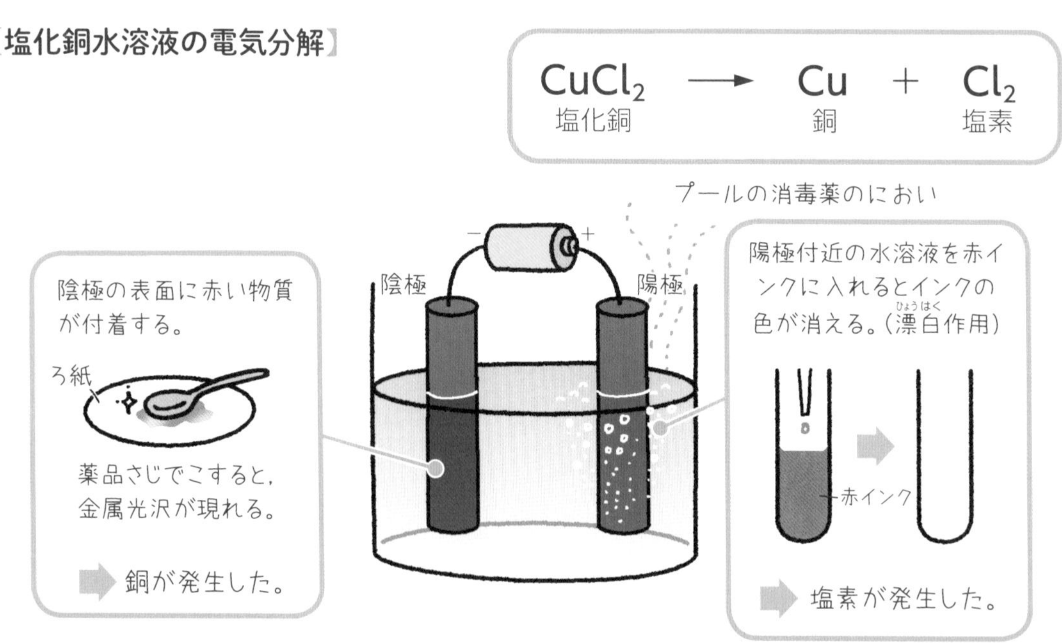

基本練習

答えは別冊6ページ

1 次の問いに答えましょう。

(1) 水にとけると，水溶液に電流が流れる物質を何といいますか。

〔　　　　　〕

(2) 水溶液に電流が流れる物質を２つ選びましょう。

〔　　　　　〕

ア　塩化ナトリウム　　イ　砂糖　　ウ　エタノール　　エ　塩化水素

2 塩化銅水溶液を電気分解しました。次の問いに答えましょう。

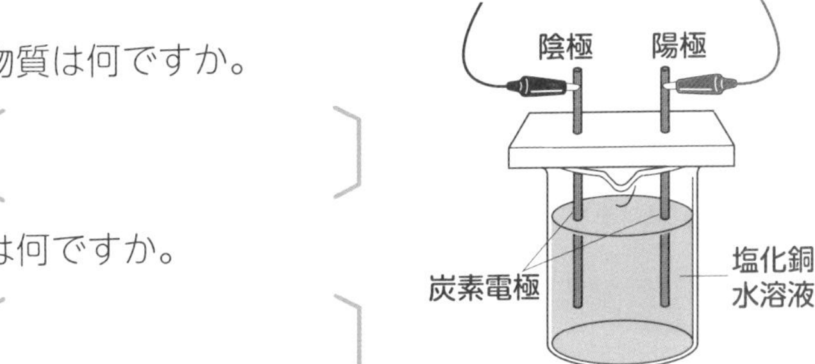

(1) 陰極に付着した赤い物質は何ですか。

〔　　　　　〕

(2) 陽極で発生した気体は何ですか。

〔　　　　　〕

(3) 塩化銅水溶液の電気分解を表す次の化学反応式の〔　　〕にあてはまる化学式を書きましょう。

$CuCl_2$ → Cu ＋ 〔　　　　　〕

ポイント　塩化銅水溶液の電気分解を表す化学反応式は，覚えておこう。

もっとくわしく

塩酸の電気分解

塩酸に十分な電圧を加えると塩化水素を電気分解することができます。塩化水素を電気分解すると，陰極から水素，陽極から塩素が発生します。

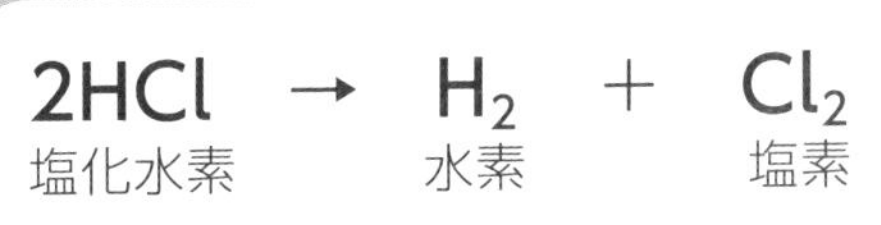

14 原子のつくり
もし，原子が見えたら？

すべての物質は**原子**が集まってできています。原子は，化学変化ではそれ以上分けることができない小さい粒子で，次のような性質をもっています。

【原子の性質】

- 原子は，化学変化によってそれ以上分けることができない。
- 原子は化学変化によってなくなったり，新しくできたり，他の種類の原子に変わったりしない。
- 原子には，その種類ごとに決まった質量や大きさがある。

原子は，中心にある＋の電気をもつ**原子核**と，そのまわりにある－の電気をもついくつかの**電子**からできています。原子核は，＋の電気をもつ**陽子**と電気をもたない**中性子**からできています。

また，同じ元素の原子でも，中性子の数が異なる原子どうしを**同位体**といいます。

【ヘリウム原子の構造】

原子核…原子の中心にあり，陽子と中性子からなる。

陽子…＋の電気をもつ。

中性子…電気をもたない。

電子…－の電気をもつ。

陽子の数＝電子の数 ➡ 原子は電気的に中性（電気を帯びていない）

陽子１個の＋の電気量と電子１個の－の電気量は同じだよ。

【水素の同位体】

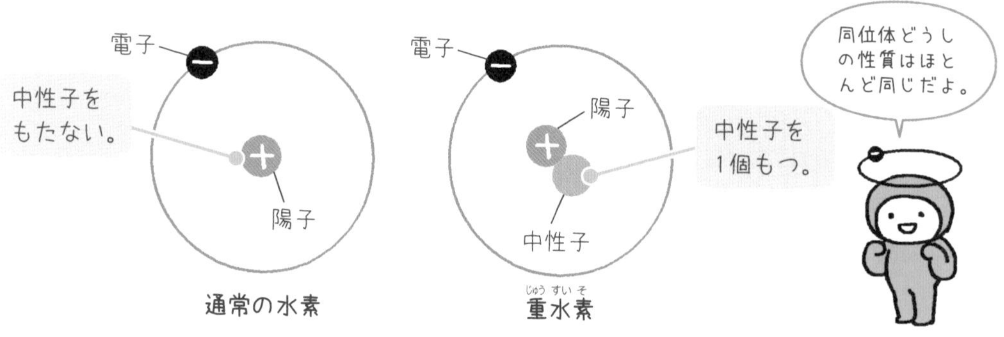

基本練習

答えは別冊6ページ

1 次の問いに答えましょう。

(1) 原子の中心にある陽子と，中性子からできているものを何といいますか。

〔　　　　　　〕

(2) 陽子と中性子のうち，次の性質をもつのはどちらですか。

① ＋の電気をもつ。　　② 電気をもたない。

〔　　　　　　〕　〔　　　　　　〕

(3) 同じ元素の原子で，中性子の数が異なるものどうしを何といいますか。

〔　　　　　　〕

2 図はヘリウム原子を模式的に表したものです。次の問いに答えましょう。

(1) Aは何ですか。〔　　　　　　〕

(2) Bは何ですか。〔　　　　　　〕

(3) Cは何ですか。〔　　　　　　〕

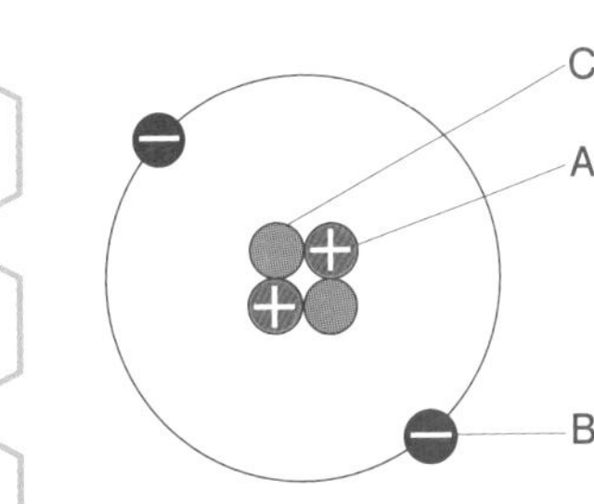

ヒント 原子は，陽子の数と電子の数が等しく，電気的に中性であることを理解しよう。

もっとくわしく

原子番号は陽子の数

100種類以上ある元素には，それぞれ原子番号がつけられています。この原子番号は，陽子の数で表されます。同位体のように，同じ元素の原子でも中性子の数が異なるものがありますが，陽子の数は元素ごとに決まっています。

15 陽イオン，陰イオン
原子とイオンの関係

原子(げんし)は電気的に中性ですが，電子(でんし)を失ったり，受けとったりすると，電気を帯びるようになります。このように，原子が電気を帯びたものを**イオン**といいます。原子が電子を失って＋(プラス)の電気を帯びたものを**陽(よう)イオン**といい，原子が電子を受けとって－(マイナス)の電気を帯びたものを**陰(いん)イオン**といいます。

【陽イオンができるしくみ】

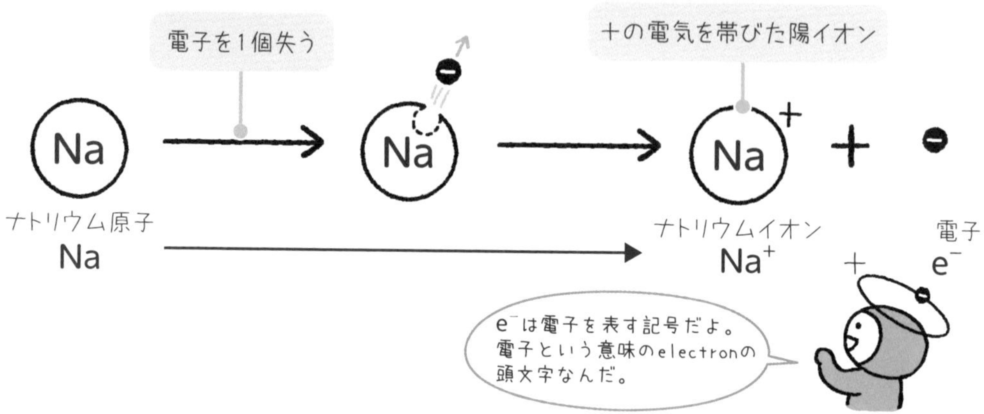

【陰イオンができるしくみ】

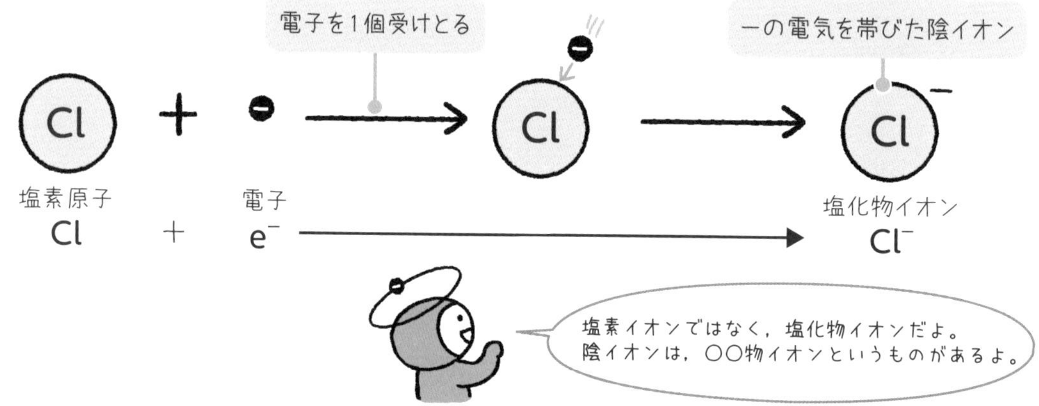

イオンのなかには，複数の原子の集まりが電子を失ったり受けとったりしてできたものもあります。これを**多原子(たげんし)イオン**といいます。

【多原子イオン】

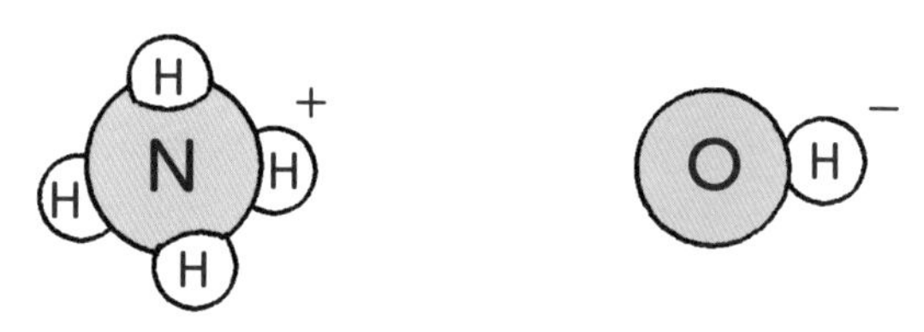

アンモニウムイオン(NH_4^+)　水酸化物イオン(OH^-)

基本練習

答えは別冊6ページ

1 次の問いに答えましょう。

(1) 原子が電子を失ってできるイオンを何イオンといいますか。

〔　　　　　　　〕

(2) 原子が電子を失ってできるイオンは，+，−のどちらの電気を帯びていますか。

〔　　　〕

(3) 原子が電子を受けとってできるイオンを何イオンといいますか。

〔　　　　　　　〕

(4) ナトリウム原子が電子を1個失ってできるイオンを何といいますか。

〔　　　　　　　〕

(5) 塩素原子が電子を1個受けとってできるイオンを何といいますか。

〔　　　　　　　〕

2 図のA，Bはイオンのでき方を示したものです。次の問いに答えましょう。

(1) 陽イオンになるのはA，Bのどちらですか。

〔　　　〕

(2) 陰イオンになるのはA，Bのどちらですか。

〔　　　〕

A
Na

B
Cl

(3) Aのイオンの説明として正しいのはどれですか。次から選びましょう。

〔　　　〕

ア　電子を失って，+の電気を帯びる。

イ　電子を失って，−の電気を帯びる。

ウ　電子を受けとって，+の電気を帯びる。

エ　電子を受けとって，−の電気を帯びる。

ミス注意　電気的に中性な原子が，「−の電気をもった電子を放出すると，+の電気をもつ陽イオンになる」というように，電子のやりとりをイメージしよう。

16 イオンを表す化学式 イオンの書き方

イオンは，**元素記号**を使った化学式で表します。イオンを表すには，元素記号の右肩(みぎかた)に，やりとりした電子(でんし)の数と帯びている電気の＋(プラス)，－(マイナス)の記号をつけた化学式で表します。

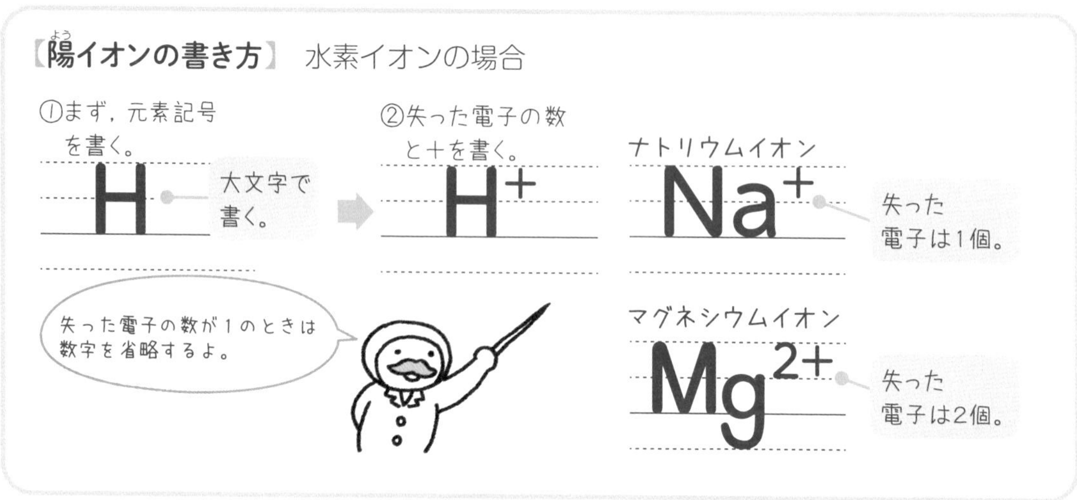

●陽イオンの例

水素イオン	H^+	カリウムイオン	K^+	アンモニウムイオン	$NH_4{}^+$
マグネシウムイオン	Mg^{2+}	亜鉛(あえん)イオン	Zn^{2+}	銅イオン	Cu^{2+}

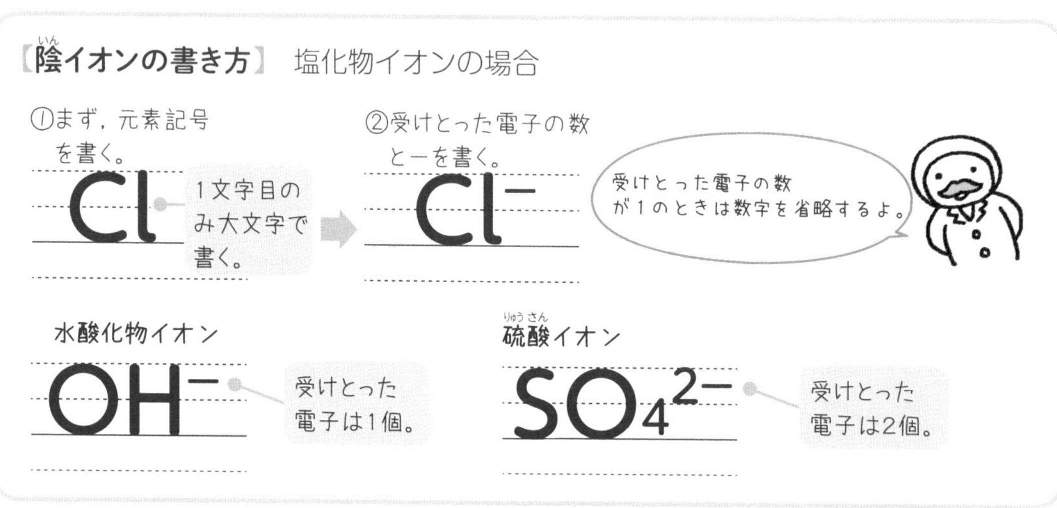

●陰イオンの例

塩化物イオン	Cl^-	水酸化物イオン	OH^-	硝酸(しょうさん)イオン	$NO_3{}^-$
硫化物(りゅうかぶつ)イオン	S^{2-}	炭酸イオン	$CO_3{}^{2-}$	硫酸イオン	$SO_4{}^{2-}$

基本練習

答えは別冊6ページ

1 次のイオンの名前を書きましょう。

(1) Na^{+} (2) Cl^{-}

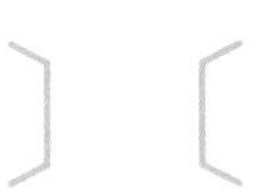
〔　　　　〕　〔　　　　〕

(3) SO_4^{2-} (4) Cu^{2+}

〔　　　　〕　〔　　　　〕

(5) OH^{-} (6) Mg^{2+}

〔　　　　〕　〔　　　　〕

2 次のイオンを表す化学式を書きましょう。

(1) 水素イオン (2) 水酸化物イオン

〔　　　　〕　〔　　　　〕

(3) マグネシウムイオン (4) 硫化物イオン

〔　　　　〕　〔　　　　〕

(5) 亜鉛イオン (6) 硝酸イオン

〔　　　　〕　〔　　　　〕

(7) 炭酸イオン (8) アンモニウムイオン

〔　　　　〕　〔　　　　〕

(9) カリウムイオン (10) 硫酸イオン

〔　　　　〕　〔　　　　〕

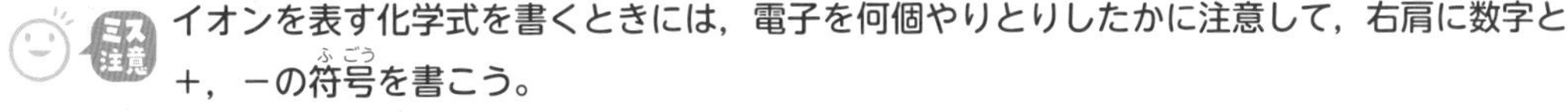

ミス注意　イオンを表す化学式を書くときには，電子を何個やりとりしたかに注意して，右肩に数字と＋，－の符号(ふごう)を書こう。

17 電離 水溶液に電流が流れるわけ

電解質は，水にとけると**陽イオン**と**陰イオン**に分かれます。これを，**電離**といいます。
塩化ナトリウムは，水にとけると**ナトリウムイオン**と**塩化物イオン**に分かれます。

【塩化ナトリウムの電離】

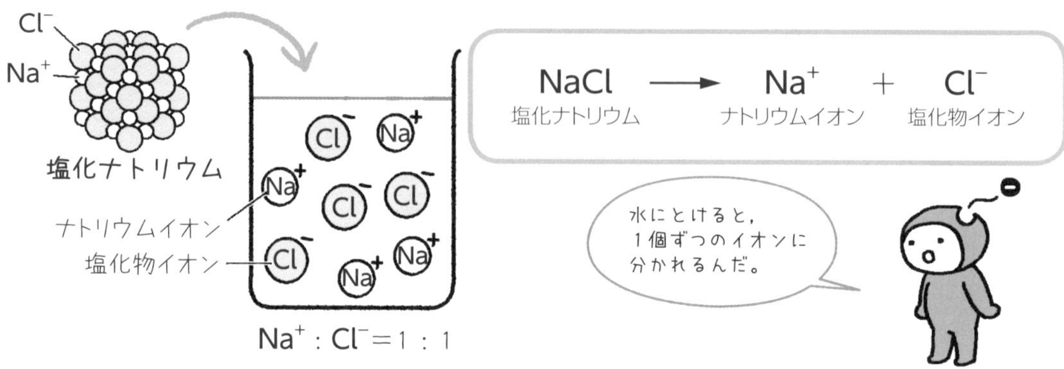

塩化銅は，水にとけると**銅イオン**と**塩化物イオン**に分かれます。

【塩化銅の電離】

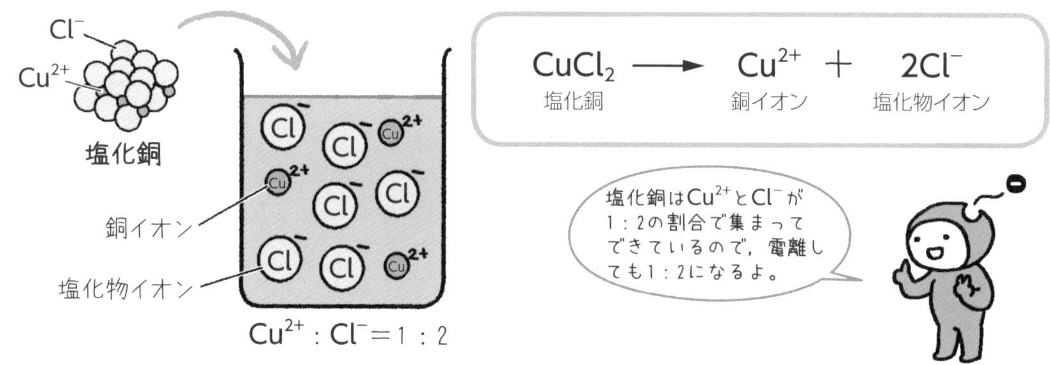

電解質の水溶液に電極を入れて電圧を加えると，陽イオンが陰極に，陰イオンが陽極に引かれて移動するので電流が流れます。水溶液の中では，回路に流れる電流のように電子が移動しているのではなく，**電気を帯びたイオン**が移動しています。

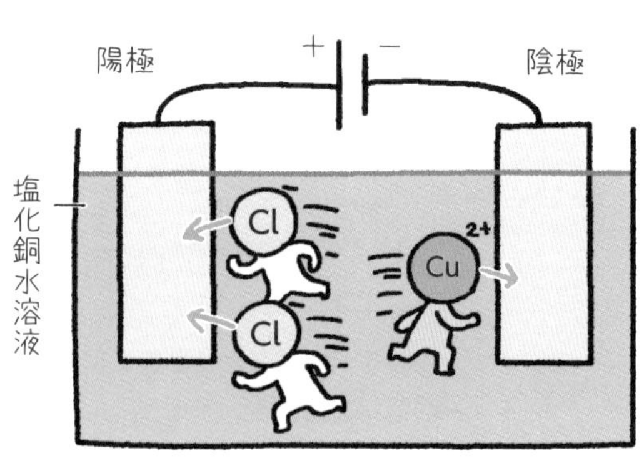

基本練習

答えは別冊7ページ

1 次の問いに答えましょう。

(1) 電解質が水にとけることによって陽イオンと陰イオンに分かれることを何といいますか。 〔　　　　〕

(2) 塩化ナトリウムが水にとけると生じる陽イオンと陰イオンは何ですか。

陽イオン〔　　　　〕

陰イオン〔　　　　〕

(3) 塩化銅が水にとけると生じる陽イオンと陰イオンは何ですか。

陽イオン〔　　　　〕

陰イオン〔　　　　〕

2 右のような装置で塩化銅水溶液を電気分解しました。次の問いに答えましょう。

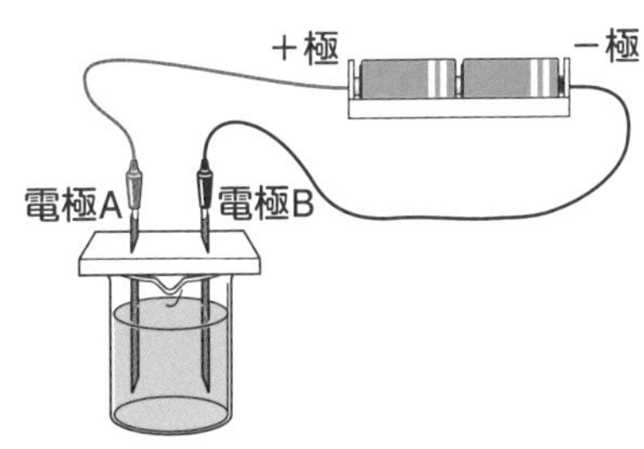

(1) 塩化銅の電離を表す化学反応式を完成させましょう。

$CuCl_2$ ─→ 〔　　　　〕 ＋ 2〔　　　　〕

(2) 電極Aに引かれるイオンの名前を書きましょう。

〔　　　　〕

(3) 電極Bに引かれるイオンを化学式で表しましょう。

〔　　　　〕

ポイント 電気分解では，陽イオンは陰極に，陰イオンは陽極に引かれることを覚えよう。

18 イオンへのなりやすさ どんな物質もイオンになるの？

金属は種類によってイオンへのなりやすさが異なります。

イオンになりやすい ←――――――――――――→ イオンになりにくい

		ナトリウム	マグネシウム	アルミニウム	亜鉛	鉄				水素	銅		
K	Ca	Na	Mg	Al	Zn	Fe	Ni	Sn	Pb	(H_2)	Cu	Hg	Ag

K＞Ca＞Na＞Mg＞Al＞Zn＞Fe＞Ni＞Sn＞Pb＞(H_2)＞Cu＞Hg＞Ag

亜鉛板を硫酸銅水溶液に入れると，亜鉛（Zn）は銅（Cu）よりもイオンになりやすいため，電子を放出して亜鉛イオン（Zn^{2+}）となり，水溶液中にとけ出します。一方，水溶液中の銅イオン（Cu^{2+}）は電子を受けとって銅（Cu）となり，亜鉛板の表面につきます。

【亜鉛板を硫酸銅水溶液に入れる実験】

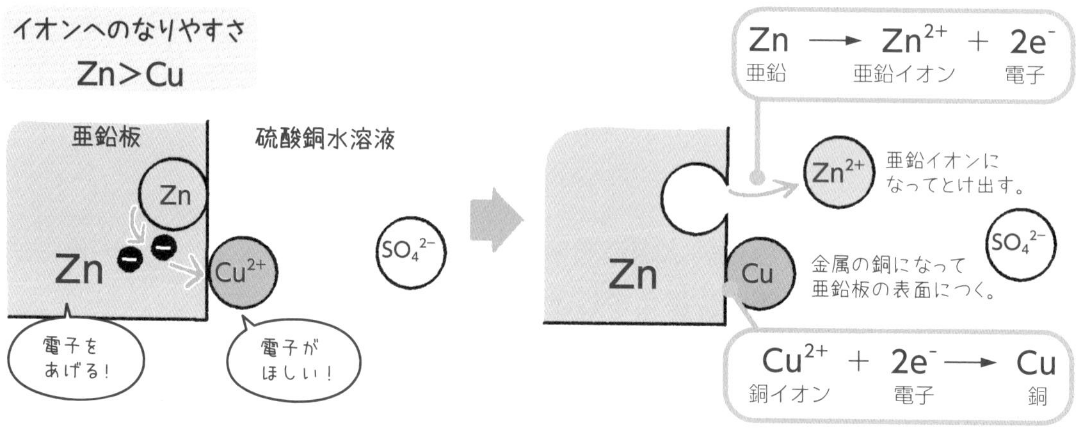

金属板の元素が水溶液中の陽イオンよりもイオンになりやすい場合にだけ変化が起こるんだね。

【水溶液と金属の反応】

水溶液＼金属板	$MgSO_4$ 硫酸マグネシウム水溶液	$ZnSO_4$ 硫酸亜鉛水溶液	$CuSO_4$ 硫酸銅水溶液
Mg マグネシウム板	—	$Mg \rightarrow Mg^{2+} + 2e^-$ $Zn^{2+} + 2e^- \rightarrow Zn$	$Mg \rightarrow Mg^{2+} + 2e^-$ $Cu^{2+} + 2e^- \rightarrow Cu$
Zn 亜鉛板	変化しない	—	$Zn \rightarrow Zn^{2+} + 2e^-$ $Cu^{2+} + 2e^- \rightarrow Cu$
Cu 銅板	変化しない	変化しない	—

基本練習

答えは別冊7ページ

1 **亜鉛，銅，マグネシウムをイオンになりやすい順番に左から並べましょう。**

2 **亜鉛板を硫酸銅水溶液に入れると，亜鉛板の表面に赤い物質がつきました。次の問いに答えましょう。**

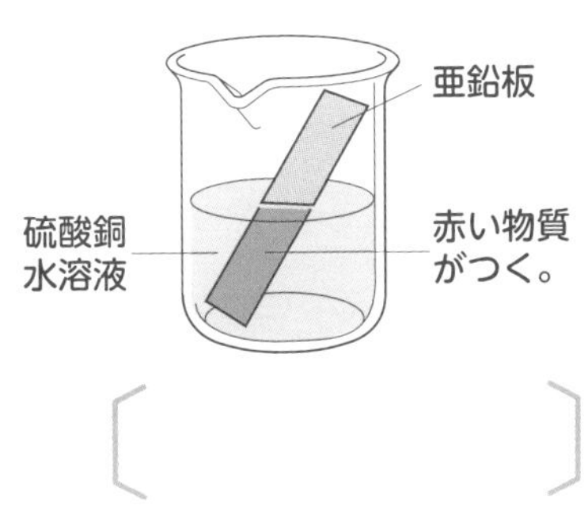

(1) 赤い物質は，何という物質ですか。〔　　　　〕

(2) 水溶液中にふえているイオンは何ですか。〔　　　　〕

3 **硫酸亜鉛水溶液にマグネシウム板を入れました。次の問いに答えましょう。**

(1) マグネシウムがイオンになって水溶液中にとけ出しました。マグネシウムの変化を表した次の化学反応式の〔　〕にあてはまる化学式を書きましょう。

$Mg \longrightarrow$ 〔　　　　〕 $+ \ 2e^-$

(2) 水溶液中の亜鉛イオンが亜鉛になって，マグネシウム板の表面につきました。亜鉛イオンの変化を表した次の化学反応式の〔　〕にあてはまる化学式を書きましょう。

$Zn^{2+} + 2e^- \longrightarrow$ 〔　　　　〕

(3) 硫酸マグネシウム水溶液に亜鉛板を入れると，変化が起こりますか，変化が起こりませんか。〔　　　　〕

ポイント マグネシウム，亜鉛，銅のイオンへのなりやすさの順番は覚えておこう。

19 電池のしくみ

電池

電解質の水溶液に２種類の金属板を入れ，導線でつなぐと電流が流れます。このように，化学変化を利用して物質のもつ**化学エネルギー**を**電気エネルギー**に変換する装置を**電池**（**化学電池**）といいます。

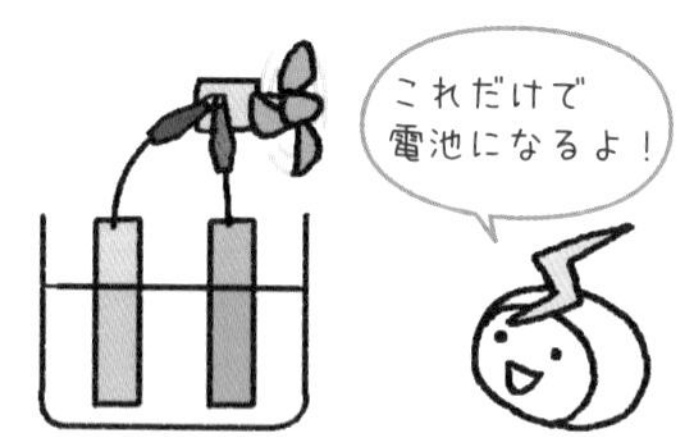

下の図のような，２種類の金属板と水溶液を使用した電池を**ダニエル電池**といいます。ダニエル電池は，亜鉛（Zn）と銅（Cu）のイオンへのなりやすさの差を利用して，導線に電流を流しています。

【ダニエル電池】

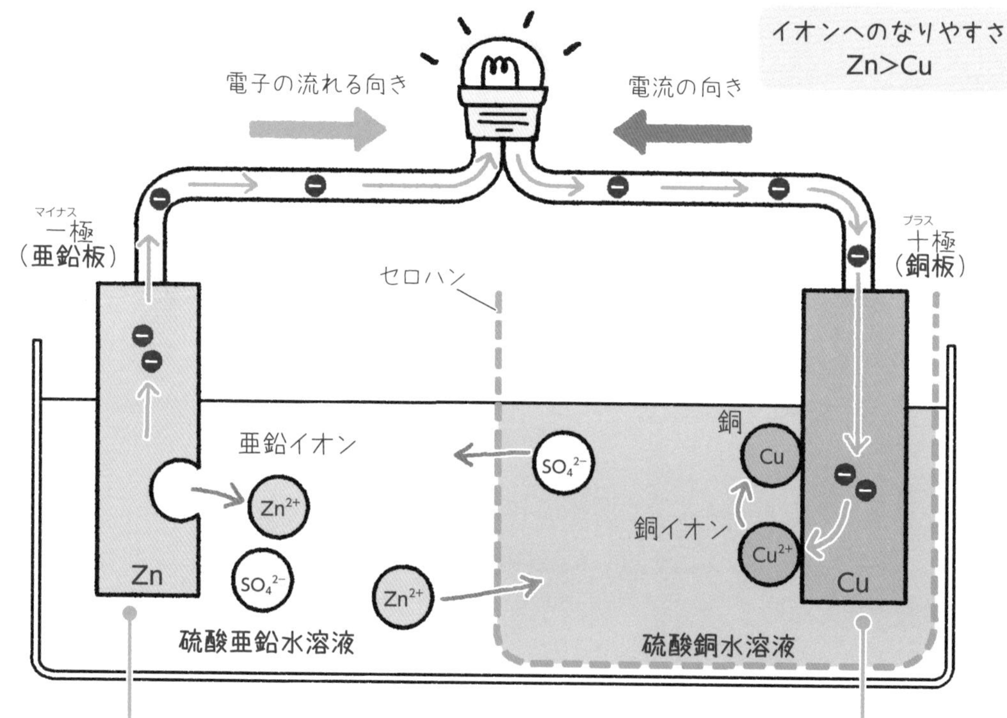

亜鉛板の亜鉛原子が電子を失って**亜鉛イオン**となり，水溶液中にとけ出す。

$$Zn \rightarrow Zn^{2+} + 2e^-$$

電子が導線へ流れ出る。
➡電流が導線から流れこむ。
➡**－極**になる。

水溶液中の**銅イオン**が導線から流れこんだ電子を受けとって銅原子になる。

$$Cu^{2+} + 2e^- \rightarrow Cu$$

電子が導線から流れこむ。
➡電流が導線へ流れ出る。
➡**＋極**になる。

基本練習

答えは別冊7ページ

1 **図は，ある電池のしくみを模式的にかいたものです。これについて，次の問いに答えましょう。**

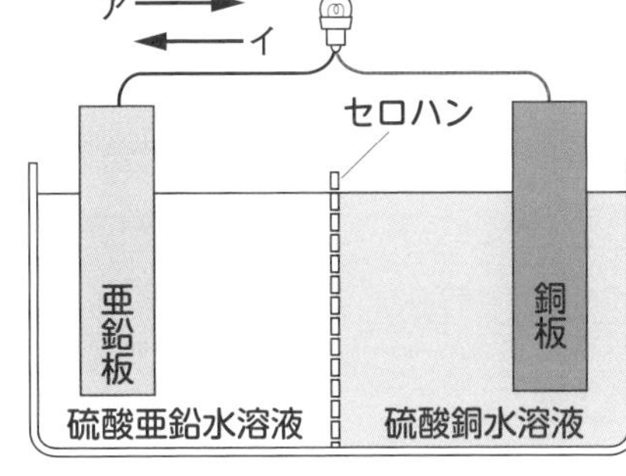

(1) 図の電池は何という電池ですか。

〔　　　　　〕

(2) イオンになってとけ出すのは，亜鉛板と銅板のどちらですか。

〔　　　　　〕

(3) 表面に金属がつくのは，亜鉛板と銅板のどちらですか。

〔　　　　　〕

(4) ＋極になるのは，亜鉛板と銅板のどちらですか。

〔　　　　　〕

(5) 導線を電子が流れる向きは，図の**ア**，**イ**のどちらですか。

〔　　　　　〕

ポイント　**電子を失いイオンになってとけ出す方の金属から導線に電子が流れ出すので，イオンになりやすい金属が－極になることを覚えよう。**

もっとくわしく

セロハンで仕切る理由

2種類の水溶液が混ざらないようにするためのセロハンには小さな穴があいていて，イオンなどの小さい粒子は通りぬけることができます。反応が進むと，－極側では亜鉛イオンがふえ続け，＋極側では銅イオンが減り続けるため，電極のまわりでは陽(よう)イオンと陰(いん)イオンの割合が偏(かたよ)って電池のはたらきが低下します。イオンを移動させて割合を均等にするためにセロハンで仕切ります。

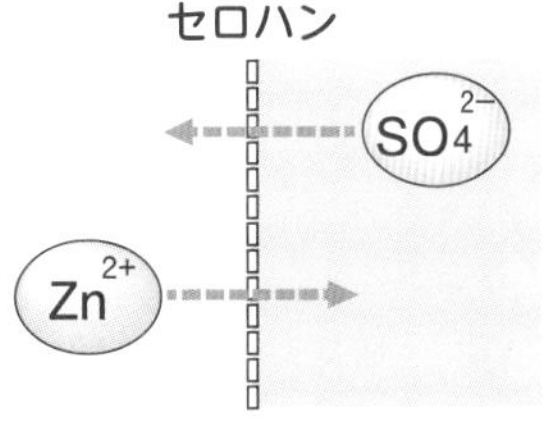

20 酸性，アルカリ性
水溶液の性質を調べよう！

レモン汁のようにすっぱい味のする水溶液は，青色リトマス紙を赤色に変化させます。これはレモン汁が酸性の水溶液だからです。リトマス紙のように，酸性・中性・アルカリ性を調べられる薬品を**指示薬**といいます。下の図は，いろいろな指示薬で水溶液の性質を調べたものです。

指示薬	**酸性** (塩酸など)	**中性** (塩化ナトリウム水溶液，砂糖水など)	**アルカリ性** (水酸化ナトリウム水溶液など)
青色リトマス紙	赤色に変化する。	変化しない。	変化しない。
赤色リトマス紙	変化しない。	変化しない。	青色に変化する。
BTB溶液	黄色	緑色	青色
フェノールフタレイン溶液	無色	無色	赤色

また，水溶液の性質によって，マグネシウムリボンを入れたり電圧を加えたりしたときのようすが異なります。

調べ方	**酸性** (塩酸など)	**中性** (塩化ナトリウム水溶液，砂糖水など)	**アルカリ性** (水酸化ナトリウム水溶液など)
マグネシウムリボンの反応	水素が発生する。	変化しない。	変化しない。
電圧を加えたときのようす	電流が流れる。	塩化ナトリウム水溶液 …電流が流れる。 砂糖水 …電流が流れない。	電流が流れる。

電流が流れるのは電解質の水溶液だよ。酸性やアルカリ性の水溶液はすべて電解質の水溶液だから，電流が流れるんだ。

基本練習

答えは別冊7ページ

1 次の問題に答えましょう。

(1) BTB溶液を加えると黄色になるのは何性の水溶液ですか。

〔　　　　〕

(2) フェノールフタレイン溶液を加えると赤色になるのは何性の水溶液ですか。

〔　　　　〕

(3) マグネシウムリボンを入れると水素が発生するのは，何性の水溶液ですか。

〔　　　　〕

2 次の問題に答えましょう。

(1) うすい塩酸にBTB溶液を加えると，何色になりますか。

〔　　　　〕

(2) うすい塩酸をリトマス紙につけたときの色の変化として，正しいものはどれですか。 〔　　　　〕

ア 赤色リトマス紙が青色になる。

イ 青色リトマス紙が赤色になる。

ウ 青色リトマス紙も赤色リトマス紙も変化しない。

(3) うすい水酸化ナトリウム水溶液にマグネシウムリボンを入れたときの変化として，正しいものはどれですか。 〔　　　　〕

ア 水素を発生してとける。

イ 二酸化炭素を発生してとける。

ウ 変化しない。

(4) アンモニア水溶液にフェノールフタレイン溶液を加えたときの変化として，正しいのはどれですか。 〔　　　　〕

ア 赤色になる。　　**イ** 青色になる。

ウ 変化しない。

ミス注意 **フェノールフタレイン溶液は，アルカリ性のときにだけ赤くなることに注意しよう。**

21 pHって何だろう？

pH

水にとけて電離し，**水素イオン**（H^+）を生じる物質を**酸**といいます。酸性の水溶液中に存在し，酸性の性質を決めるものは**水素イオン**です。

水にとけて電離し，**水酸化物イオン**（OH^-）を生じる物質を**アルカリ**といいます。アルカリ性の水溶液中に存在し，アルカリ性の性質を決めるものは**水酸化物イオン**です。

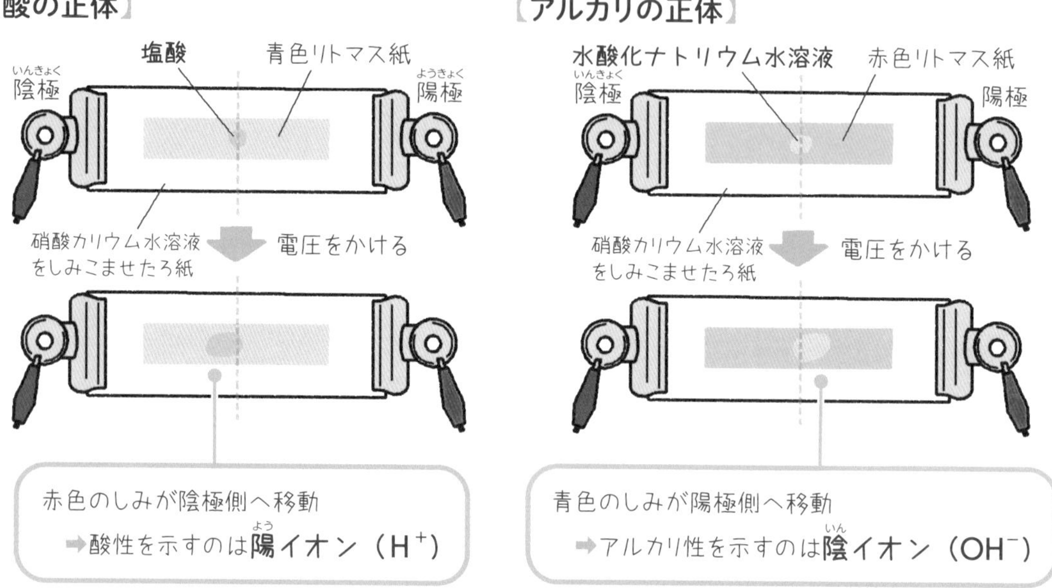

酸性やアルカリ性の強さは，**pH（ピーエイチ）**という数値で表されます。pHは0から14までの数値で表され，7が**中性**です。数値が7より小さいほど**酸性**が強く，数値が7より大きいほど**アルカリ性**が強くなります。

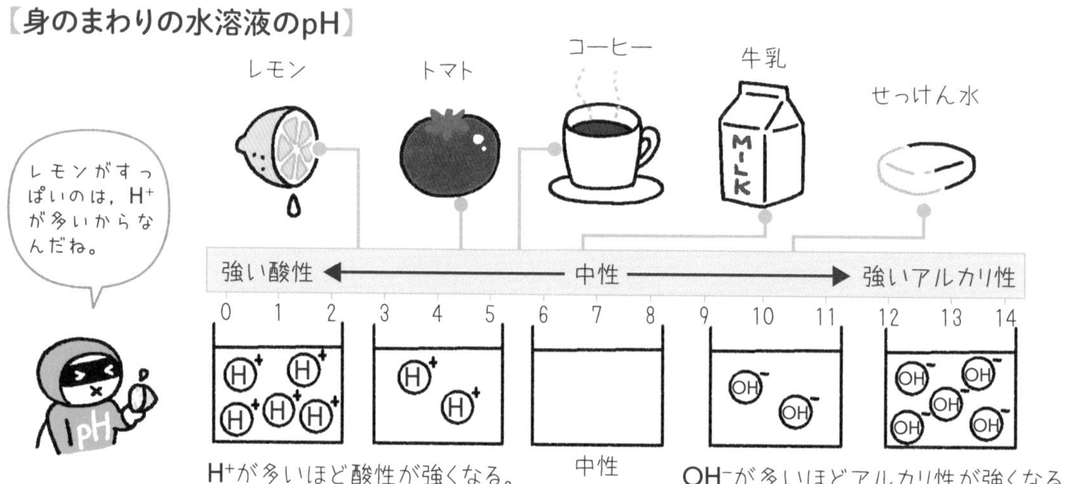

基本練習

答えは別冊８ページ

1 次の問いに答えましょう。

(1) 水にとけて電離し，水素イオンを生じる物質を何といいますか。

〔　　　　　　　　〕

(2) 水にとけて電離し，水酸化物イオンを生じる物質を何といいますか。

〔　　　　　　　　〕

(3) 酸性の水溶液中に存在し，酸性の性質を決めるものは何ですか。

〔　　　　　　　　〕

(4) 水溶液の酸性・アルカリ性の強さを示す数値を何といいますか。

〔　　　　　　　　〕

2 図のような装置で，赤色リトマス紙に水酸化ナトリウム水溶液を１滴たらし，電圧を加えました。次の問いに答えましょう。

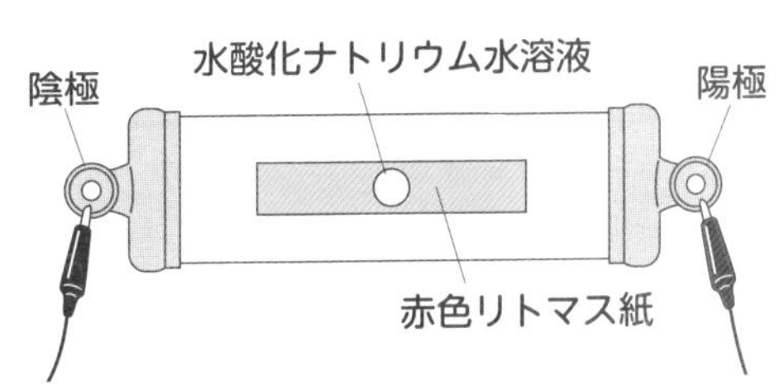

(1) 青色のしみは陽極側，陰極側のどちらのほうへ移動しますか。

〔　　　　　　　　〕

(2) 赤色リトマス紙を青色にするものは，陽イオン，陰イオンのどちらですか。

〔　　　　　　　　〕

(3) 水酸化ナトリウム水溶液にふくまれ，赤色リトマス紙を青色にするのは何イオンですか。イオンの名前を答えましょう。

〔　　　　　　　　〕

ミス注意　酸性はpHの値が小さいほど強く，アルカリ性はpHの値が大きいほど強いことに注意しよう。

22 中和 酸とアルカリを混ぜてみよう！

酸性の水溶液とアルカリ性の水溶液を混ぜ合わせると，水素イオンと水酸化物イオンが結びついて**水**になり，たがいの性質を打ち消し合います。この反応を，**中和**といいます。

H^+（水素イオン） ＋ OH^-（水酸化物イオン） → H_2O（水）

中和では，水のほかに酸の陰イオンとアルカリの陽イオンが結びついて**塩**ができます。塩酸と水酸化ナトリウム水溶液の中和では，塩として**塩化ナトリウム**ができます。

【塩酸と水酸化ナトリウム水溶液の中和】

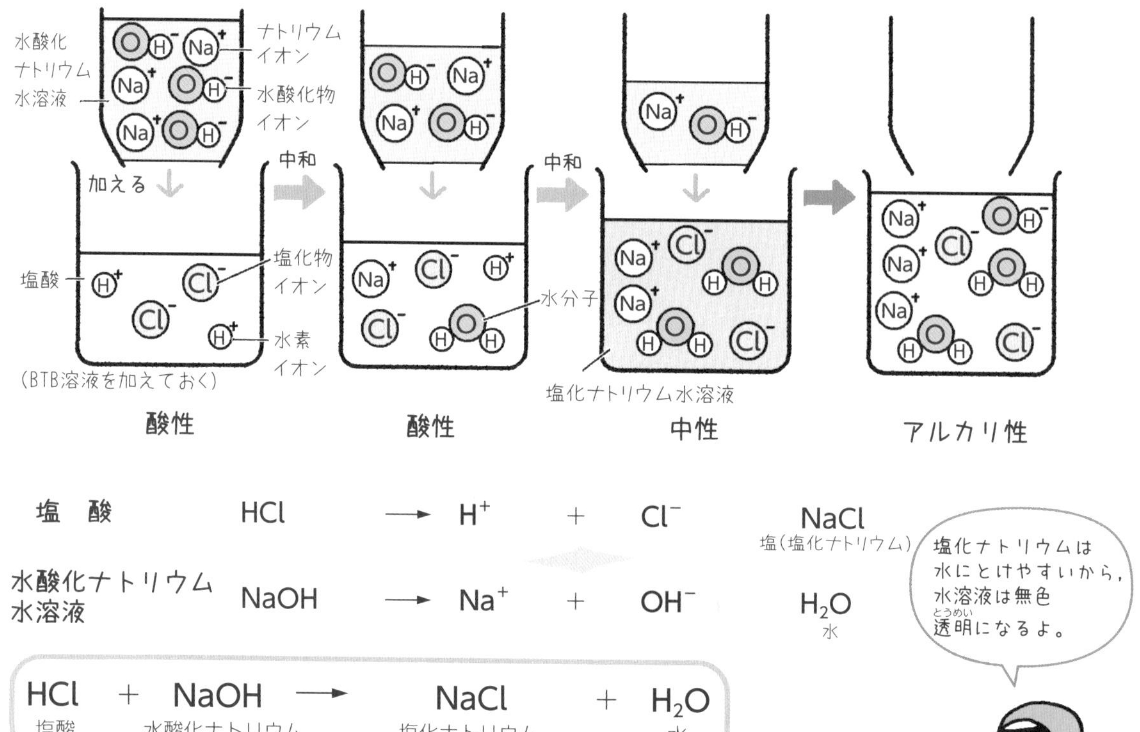

硫酸と水酸化バリウムの中和では，塩として**硫酸バリウム**ができます。

基本練習

答えは別冊8ページ

1 次の問いに答えましょう。

(1) 酸性の水溶液とアルカリ性の水溶液を混ぜ合わせたときに起こる化学変化を何といいますか。〔　　　〕

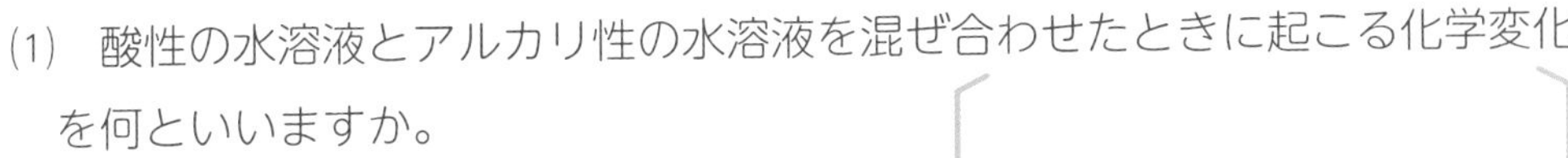

(2) (1)で水素イオンと水酸化物イオンが結びついてできる物質は何ですか。〔　　　〕

(3) (1)で酸の陰イオンとアルカリの陽イオンが結びついてできる物質を何といいますか。〔　　　〕

2 うすい塩酸にうすい水酸化ナトリウム水溶液を加えました。次の問いに答えましょう。

(1) 水酸化ナトリウム水溶液と混ぜ合わせると，塩酸の酸性の性質は強くなりますか，弱くなりますか。〔　　　〕

(2) 塩酸中の水素イオンと水酸化ナトリウム水溶液中の水酸化物イオンが結びつく化学変化を化学反応式で表しましょう。〔　　　〕

(3) 塩酸中の塩化物イオンと，水酸化ナトリウム水溶液中のナトリウムイオンとが結びついてできる塩の名前は何ですか。〔　　　〕

(4) 混ぜ合わせた水溶液にBTB溶液を加えると，青色になりました。このとき，水溶液の中にあるのは，水素イオン，水酸化物イオンのどちらですか。〔　　　〕

塩酸と水酸化ナトリウム水溶液の中和，硫酸と水酸化バリウム水溶液の中和は，化学反応式が書けるようにしておこう。

23 化学反応式の練習
化学反応式，書けるかな？

テストによく出る物質の化学式と，化学反応式の書き方を確認しましょう。

【よく出る物質の化学式】

水	H_2O	亜鉛	Zn	硫酸マグネシウム	$MgSO_4$	塩化水素	HCl
水素	H_2	塩化銅	$CuCl_2$	硫酸亜鉛	$ZnSO_4$	水酸化ナトリウム	$NaOH$
塩素	Cl_2	塩化ナトリウム	$NaCl$	硫酸銅	$CuSO_4$	水酸化バリウム	$Ba(OH)_2$
銅	Cu	硝酸(しょうさん)	HNO_3	硫酸バリウム	$BaSO_4$	水酸化カリウム	KOH
マグネシウム	Mg	炭酸	H_2CO_3	硫酸	H_2SO_4	水酸化カルシウム	$Ca(OH)_2$

【電離(でんり)の化学反応式の書き方】 例　塩化銅の電離

①「物質→陽(よう)イオン＋陰(いん)イオン」を書く。	塩化銅 → 銅イオン＋塩化物イオン
② 物質とイオンを化学式で書く。	$CuCl_2 \longrightarrow Cu^{2+} + Cl^-$
③ それぞれの原子(げんし)の数が「→」の左右で同じになるようにする。陽イオンと陰イオンの電気の合計が0になるようにする。	$CuCl_2 \longrightarrow Cu^{2+} + 2Cl^-$ $(+2)+2\times(-1)=0$

●塩化水素の電離

$HCl \longrightarrow H^+ + Cl^-$

●水酸化ナトリウムの電離

$NaOH \longrightarrow Na^+ + OH^-$

【中和の化学反応式の書き方】 例　塩酸と水酸化ナトリウム水溶液の中和

①「酸＋アルカリ→塩(えん)＋水」を書く。	塩酸＋水酸化ナトリウム → 塩化ナトリウム＋水
② 物質を化学式で書く。	$HCl + NaOH \longrightarrow NaCl + H_2O$
③ それぞれの原子の数が「→」の左右で同じになるようにする。	$HCl + NaOH \longrightarrow NaCl + H_2O$

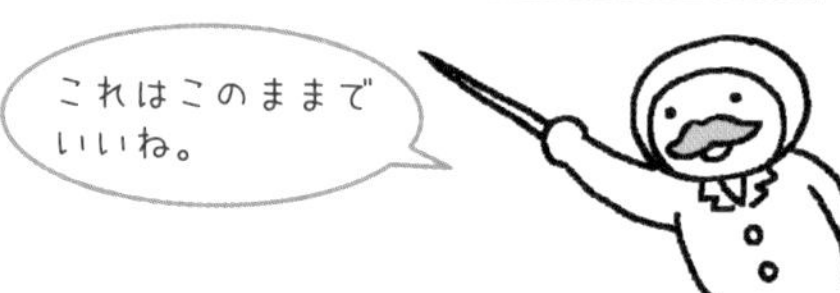

●硝酸と水酸化カリウム水溶液の中和

$HNO_3 + KOH \longrightarrow KNO_3 + H_2O$

（KNO_3：硝酸カリウム）

●硫酸(りゅうさん)と水酸化バリウム水溶液の中和

$H_2SO_4 + Ba(OH)_2 \longrightarrow BaSO_4 + 2H_2O$

（$BaSO_4$：硫酸バリウム）

基本練習

答えは別冊8ページ

1 次の物質の化学式を書きましょう。

(1) 塩化銅 〔　　　　〕　　(2) 硫酸 〔　　　　〕

(3) 水酸化ナトリウム 〔　　　　〕

2 次の化学反応式を書きましょう。

(1) 塩化水素の電離

$HCl \rightarrow$ 〔　　　　〕 $+ Cl^-$

(2) 水酸化ナトリウムの電離

$NaOH \rightarrow$ 〔　　　　〕 $+$ 〔　　　　〕

(3) 塩化銅の電離

$CuCl_2 \rightarrow$ 〔　　　　〕 $+$ 〔　　　　〕

(4) 硫酸の電離

$H_2SO_4 \rightarrow$ 〔　　　　〕 $+$ 〔　　　　〕

(5) 塩酸と水酸化ナトリウム水溶液の中和

$HCl + NaOH \rightarrow$ 〔　　　　〕 $+ H_2O$

(6) 硫酸と水酸化バリウム水溶液の中和

$H_2SO_4 + Ba(OH)_2 \rightarrow$ 〔　　　　〕 $+ 2H_2O$

(7) 硝酸と水酸化カリウムの中和

$HNO_3 + KOH \rightarrow$ 〔　　　　〕 $+ H_2O$

ミス注意　硫酸と水酸化バリウム水溶液の中和の化学反応式は，硫酸から出る$2H^+$と水酸化バリウムから出る$2OH^-$が結びついて，H_2Oが２つできることに注意しよう。

復習テスト 3

➜ 答えは別冊18ページ

2章 化学変化とイオン

1

右の図のような装置で，次のA～Fの水溶液(すいようえき)に電流が流れるかどうかを調べました。次の問いに答えましょう。【各6点　計18点】

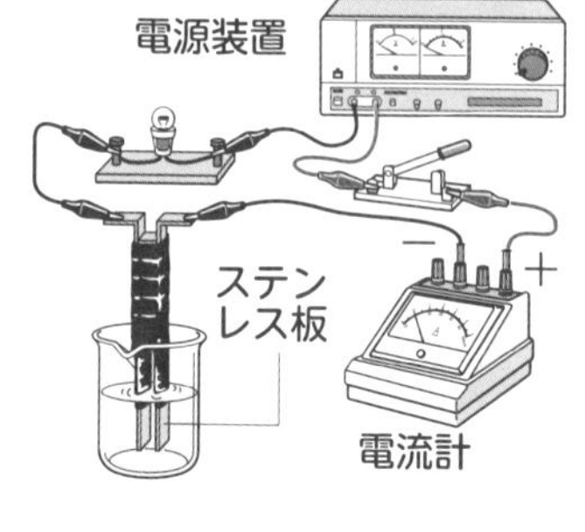

A　砂糖　　B　塩化ナトリウム　　C　塩化水素
D　塩化銅　　E　エタノール　　F　水酸化ナトリウム

(1) 電流が流れるものをすべて選び，記号で答えましょう。
［　　　　　　］

(2) 次の文の［　］にあてはまる語句を答えましょう。
水溶液にしたときに電流が流れる物質を①［　　　　］といい，水溶液にしても電流が流れない物質を②［　　　　］といいます。

2

右の図のような装置で塩化銅水溶液を電気分解しました。次の問いに答えましょう。【各4点　計20点】

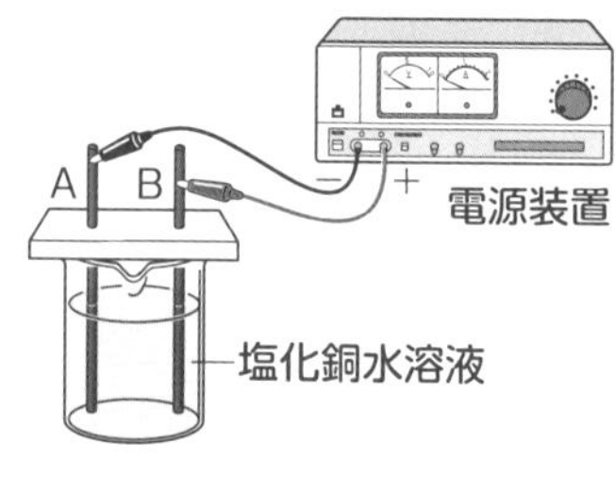

(1) 塩化銅の電離(でんり)を表す，次の化学反応式を完成させましょう。
$CuCl_2$ ⟶ ［　　　　　　］

(2) 電極Aに付着した物質の名前，電極Bから発生した気体の化学式を答えましょう。
A［　　　　］　B［　　　　］

(3) 電極Aに付着した物質のもとになるイオンは，陽イオン，陰イオンのどちらですか。
［　　　　］

(4) 電気分解を続けていくと水溶液の色はどうなりますか。［　　　　］

3

右の図は，ヘリウム原子(げんし)のつくりを模式的に示したものです。次の問いに答えましょう。【各3点　計12点】

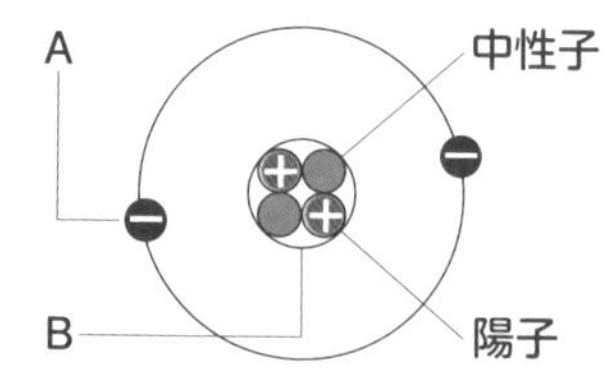

(1) A，Bをそれぞれ何といいますか。
A［　　　　］　B［　　　　］

(2) 次の文の［　］にあてはまる語句を答えましょう。
同じ元素でも，原子核の中の①［　　　　］の数が異なる原子が存在する。これを②［　　　　］という。

4

右の図のようなダニエル電池をつくり，電子オルゴールを鳴らしました。これについて，次の問いに答えましょう。

【各5点　計15点】

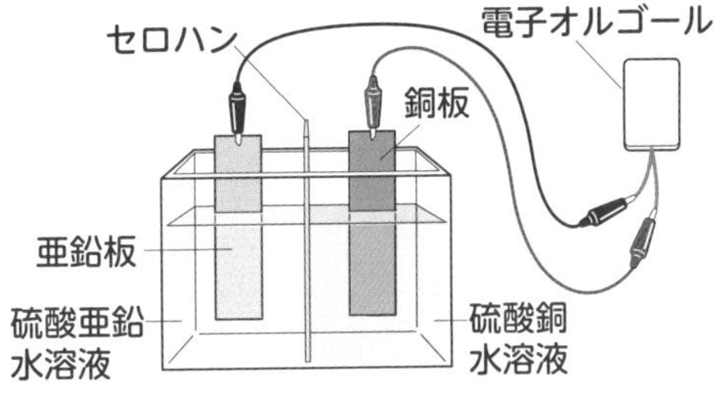

(1) ＋極になる金属を書きましょう。

［　　　　　］

(2) 電流を流し続けると，亜鉛板(あえん)の質量が減っていきます。この理由を書きましょう。

［　　　　　　　　　　　　　　　　　　　　　　　　　　］

(3) 銅板の表面で起こる化学変化を，e^-を使った化学反応式で表しましょう。

［　　　　　　　　　　　　　］

5

右の図のような装置をつくり，直流電源につなぎました。次の問いに答えましょう。

【各5点　計20点】

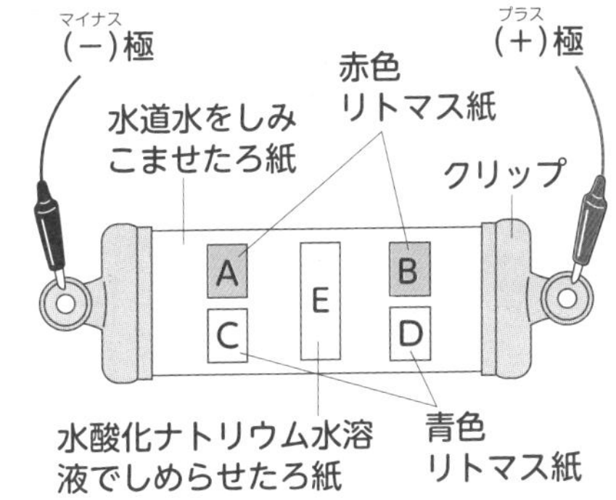

(1) A～Dのリトマス紙のうち，色が変わるのはどれですか。また，色を変える原因となったイオンの化学式を書きましょう。　記号［　　　　］

イオンの化学式［　　　　］

(2) Eに塩酸をしめらせたろ紙を使うと，A～Dのどのリトマス紙の色が変わりますか。また，色を変える原因となったイオンの化学式を書きましょう。　記号［　　　　］　イオンの化学式［　　　　］

6

右の図のようにＢＴＢ溶液を加えた塩酸に，水酸化ナトリウム水溶液を加えていくと，10 cm^3 加えたときに緑色になりました。次の問いに答えましょう。

【各5点　計15点】

(1) 水酸化ナトリウム水溶液を6 cm^3 加えたときの溶液は何性ですか。

［　　　　］

(2) この実験の化学変化を表す，次の化学反応式を完成させましょう。

HCl　＋　NaOH　⟶　［　　　　　　　　］

(3) 緑色になった液に，さらに水酸化ナトリウム水溶液を6 cm^3 加えると，液の色は何色になりますか。　［　　　　］

24 細胞分裂 生物はどうやって成長するの？

生物のからだは，たくさんの**細胞**が集まってできています。１つの細胞が分かれて２つの細胞になることを**細胞分裂**といいます。生物は，細胞分裂によって細胞の数がふえることと，分裂した細胞が大きくなることによって成長していきます。

ソラマメの根に等間隔に印をつけて成長を観察すると，根の先端近くの間隔だけが広がっていきます。これは，根の先端近くで細胞分裂がさかんだからです。

【ソラマメの根の成長のようす】

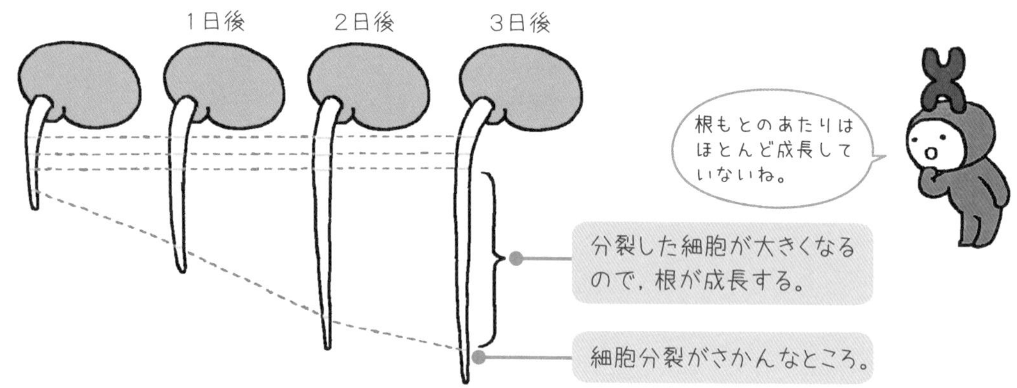

下の図は，根の先端のあたりを顕微鏡で観察したようすです。根の先端近くでは細胞がさかんに分裂しています。細胞分裂がさかんに行われている部分を**成長点**といいます。

細胞分裂をしている細胞の中には，ひも状のものが見られます。これを染色体といいます。生物の種類によって，１つの細胞にある染色体の数は決まっています。

【ソラマメの根の先端のようす】

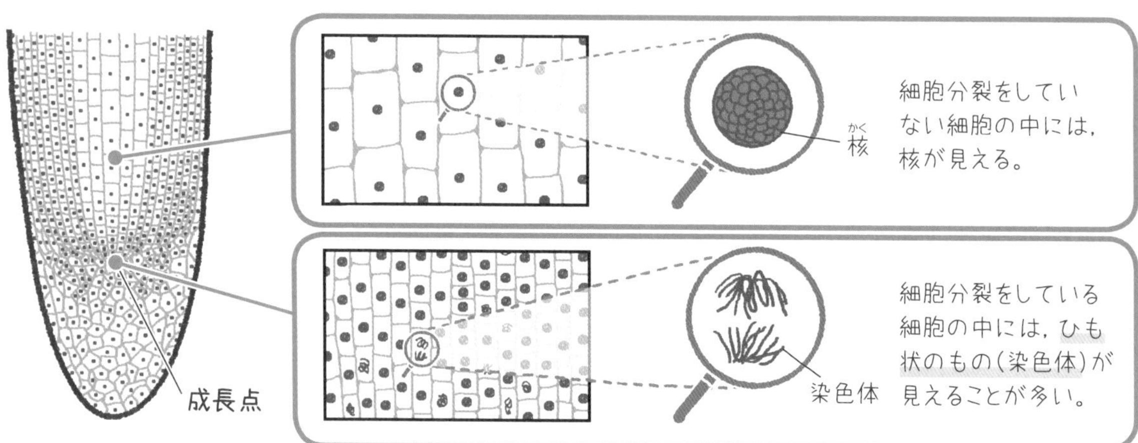

基本練習

答えは別冊8ページ

1 次の〔　　　〕にあてはまる語句を答えましょう。

(1)　１つの細胞が分かれて２つの細胞になることを〔　　　　　　　〕といいます。

(2)　生物は，〔　　　　　　　〕によって細胞の数がふえ，その細胞が〔　　　　　　　〕なることによって成長していきます。

2 図１のように，ソラマメの根に等間隔に印をつけました。次の問いに答えましょう。

図１

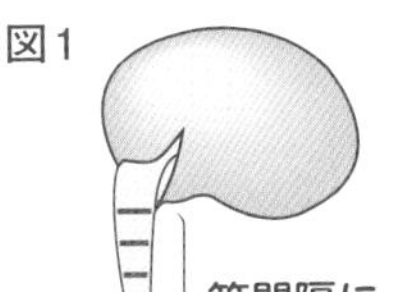

(1)　２日後のようすを，次のア〜エから選びましょう。

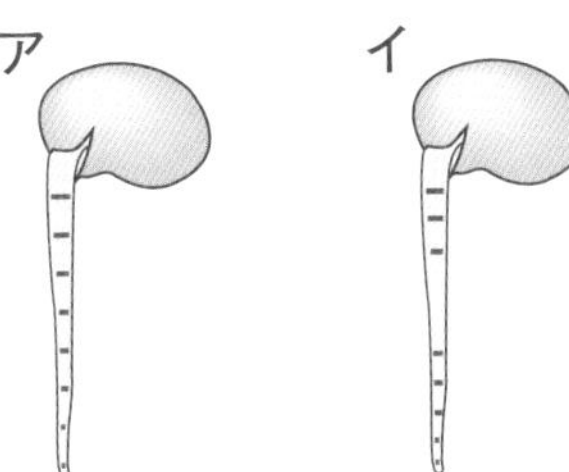

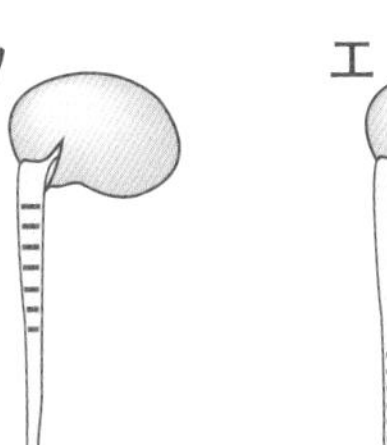

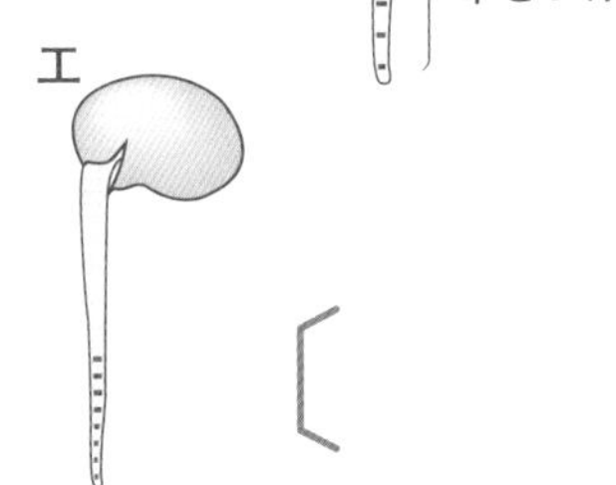

(2)　細胞分裂がさかんなのは，根の根もと近く，先端近くのどちらですか。

(3)　図２は，細胞分裂の途中の細胞のようすです。細胞の中に見えるひも状のものを何といいますか。

〔　　　　　〕

図2

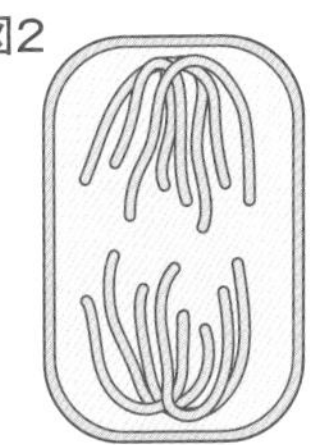

(4)　細胞分裂をしていない細胞に１つずつ見られる丸い粒を何といいますか。

生物は，細胞が「ふえる」ことと「大きくなる」ことがセットになって成長するよ。

25 体細胞分裂 細胞分裂のしかた

生物のからだをつくっている細胞を**体細胞**といい，体細胞がふえる細胞分裂を**体細胞分裂**といいます。生物のからだが成長するときには，体細胞分裂が行われます。

細胞分裂の前に，それぞれの染色体がもう１本同じものをつくる**複製**が行われます。**染色体**には，生物の形や性質（**形質**）を表すもとになる**遺伝子**がふくまれています。

【染色体の複製】

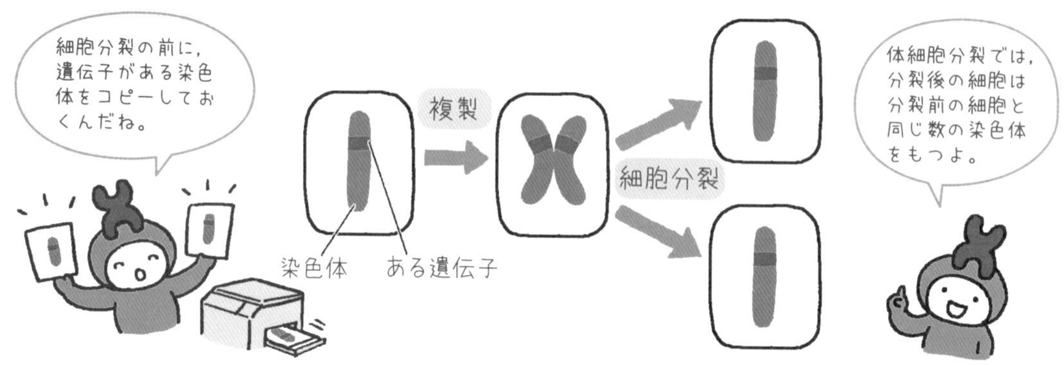

体細胞分裂が始まると核が見えなくなり，複製された染色体は２本ずつがくっついたまま太く短くなります。２本ずつの染色体は細胞の中央に集まったあと，１本ずつ分かれて細胞の両端に移動し，新しい細胞の核になります。

【体細胞分裂】 植物細胞の場合

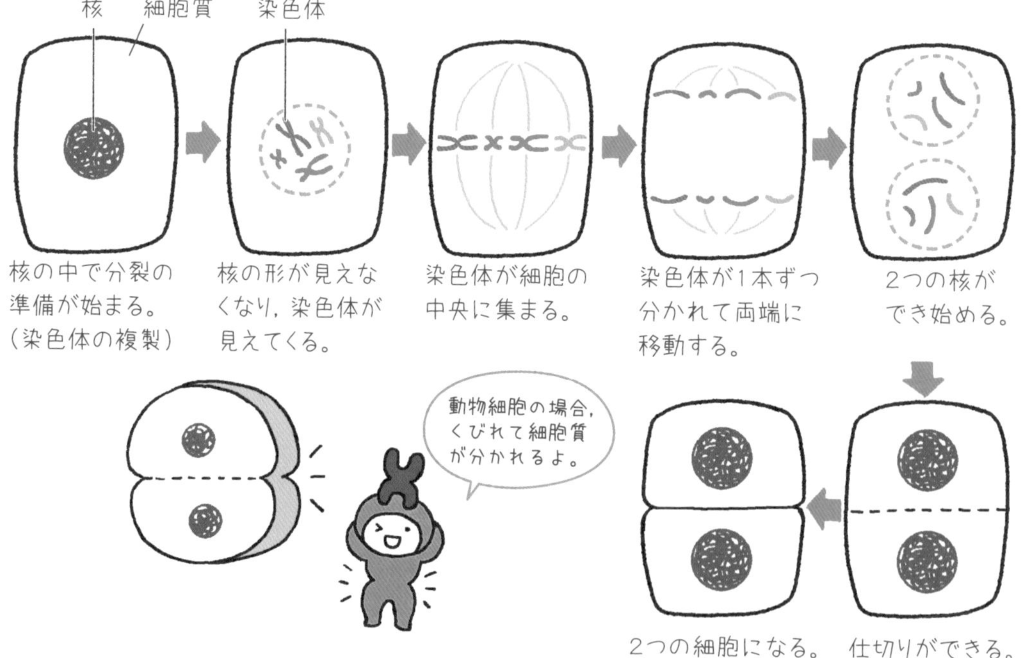

基本練習

答えは別冊9ページ

1 次の問題に答えましょう。

(1) からだが成長するときに行われる細胞分裂を何といいますか。

(2) (1)の細胞分裂の前に染色体の数が２倍になることを，染色体の何といいますか。

(3) (1)の細胞分裂によってできた１個の細胞の染色体の数は，もとの１個の細胞と比べてどうなりますか。

(4) 染色体に存在し，生物の形や性質を表すもとになるものを何といいますか。

2 図は体細胞分裂の各段階を模式的に示したものです。次の問題に答えましょう。

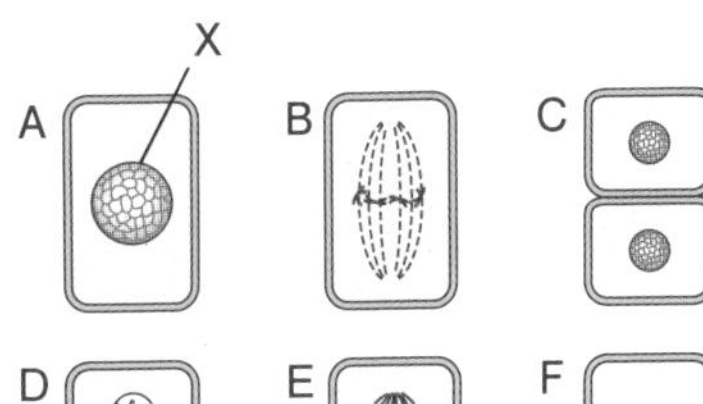

(1) 図のXを何といいますか。

〔　　　　〕

(2) Aをはじめとして，細胞分裂の進む順にB～Fを並べかえましょう。

細胞分裂では，①核の形が消えて染色体が現れる。②染色体が中央に集まる。③両端に移動する。④核ができはじめる。⑤細胞質が完全に分かれるという順番をしっかり覚えよう。

26 生殖 生物はどうやってふえるの？

生物が自分と同じ種類の新しい個体（子）をつくることを**生殖**といいます。生殖には**無性生殖**と**有性生殖**があります。

無性生殖とは，雌と雄の親を必要とせず，親のからだの一部から子ができる生殖です。植物が行う無性生殖を，特に**栄養生殖**といいます。

【無性生殖】

ミカヅキモ
…からだが2つに分裂し，新しい個体ができる。

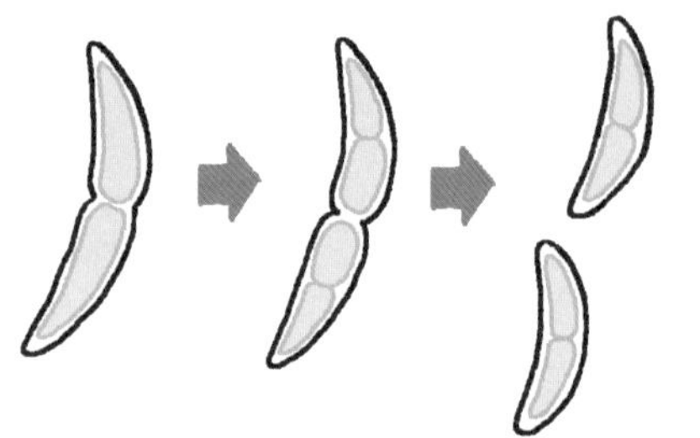

酵母
…からだの一部にできた芽から新しい個体ができる。

サツマイモ
…からだの一部から新しい個体をつくる(栄養生殖)。

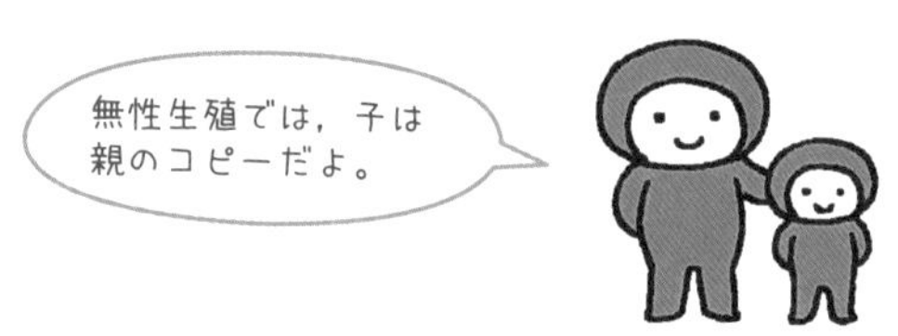

有性生殖とは，雌と雄がかかわって子ができる生殖です。卵や精子のように，生殖のためにつくられる細胞を**生殖細胞**といい，２つの生殖細胞の核が合体することを**受精**といいます。受精によってできた新しい細胞は**受精卵**とよばれ，新しい個体に成長します。

【有性生殖】

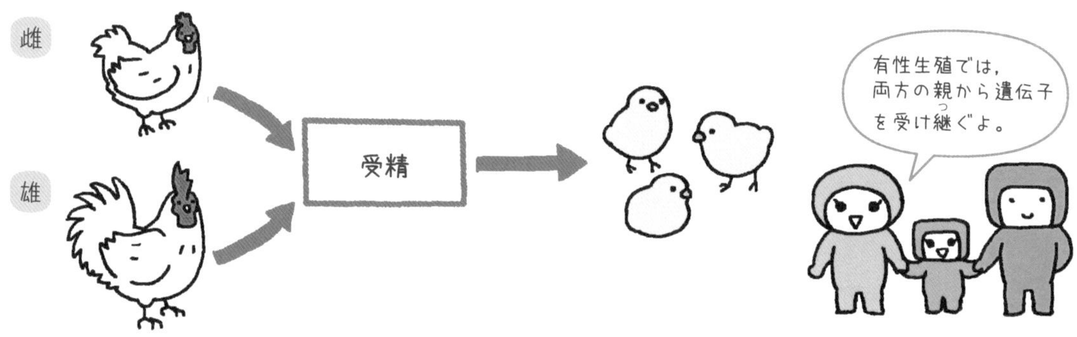

基本練習

答えは別冊9ページ

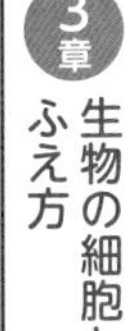

1 次の問題に答えましょう。

(1) 生物が新しい個体をつくることを何といいますか。

〔　　　　〕

(2) 次の文の〔　　〕にあてはまる語句を答えましょう。

親のからだの一部から新しい個体をつくる生物のふえ方を

①〔　　　　〕といいます。特に植物が行う①のことを，

②〔　　　　〕といいます。

(3) 生殖細胞が受精することによって新しい個体ができる生物のふえ方を何といいますか。

〔　　　　〕

(4) 受精によってできた新しい細胞を，何とよびますか。

〔　　　　〕

雌と雄の親を必要としないのが無性生殖，雌と雄の親を必要とするのが有性生殖だよ。栄養生殖は無性生殖の一種なんだ。

もっとくわしく

コピーでふえる動物たち

多細胞生物でも，無性生殖を行うものがあります。ヒドラはからだの一部が芽のようにふくらみ，新しい個体ができます。イソギンチャクやプラナリアは，からだの一部が分かれて新しい個体になります。プラナリアは，自らからだを切断してふえますが，人工的に切断しても完全な個体ができます。

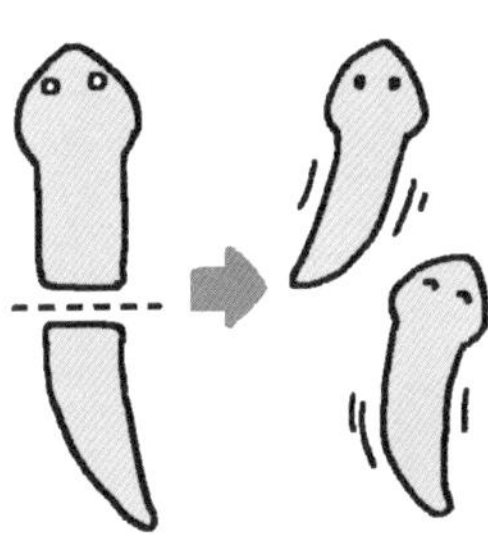
プラナリアの無性生殖

27 植物・動物のふえ方

植物・動物の有性生殖

被子植物の生殖細胞は**卵細胞**と**精細胞**です。卵細胞は**胚珠**の中で，精細胞は**花粉**の中でつくられます。めしべの先（柱頭）に花粉がつくことを**受粉**といい，卵細胞の核と精細胞の核が合体することを**受精**といいます。

【被子植物の有性生殖】

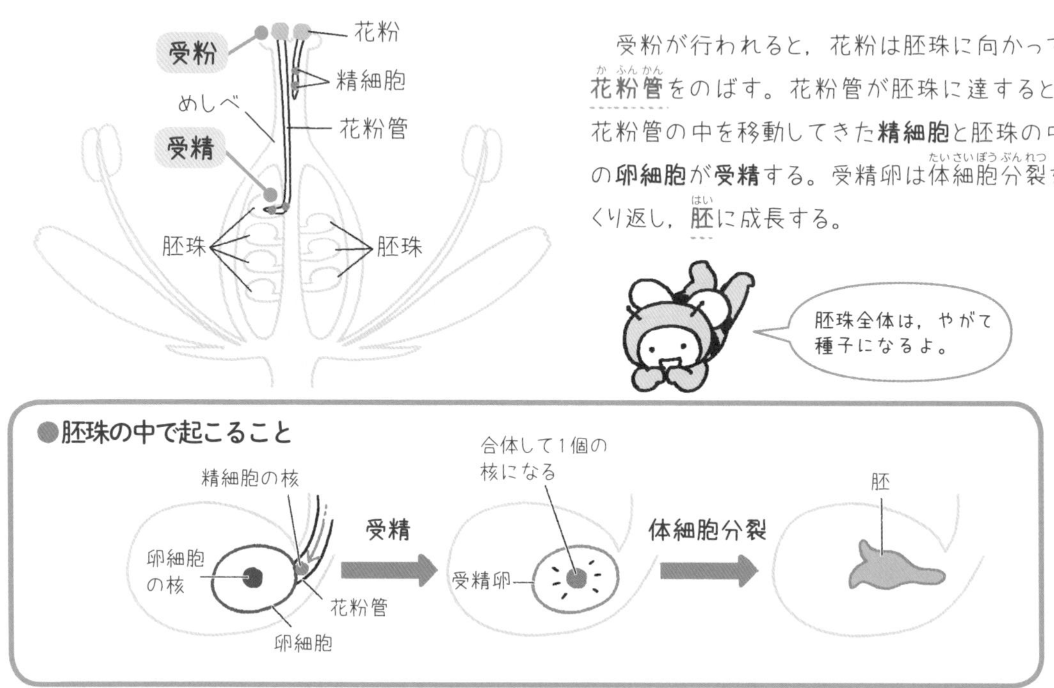

受粉が行われると，花粉は胚珠に向かって**花粉管**をのばす。花粉管が胚珠に達すると，花粉管の中を移動してきた**精細胞**と胚珠の中の**卵細胞**が**受精**する。受精卵は体細胞分裂をくり返し，胚に成長する。

動物の生殖細胞は**卵**と**精子**です。卵は雌の**卵巣**で，精子は雄の**精巣**でつくられます。

【動物の有性生殖】

1つの精子が卵の中に入って受精する。受精卵は体細胞分裂をくり返し，胚に成長する。

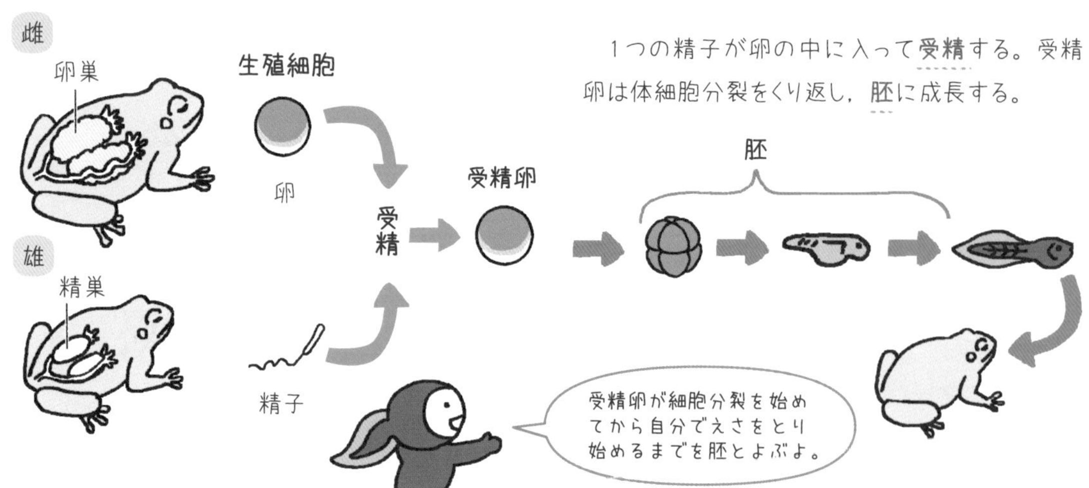

基本練習

答えは別冊9ページ

3章 生物の細胞とふえ方

1 次の問題に答えましょう。

(1) 動物の雄がつくる生殖細胞を何といいますか。

(2) (1)は雄のからだのどこでつくられますか。

(3) 動物の雌がつくる生殖細胞を何といいますか。

(4) (3)は雌のからだのどこでつくられますか。

2 右の図は被子植物の受精のようすを示したものです。次の問いに答えましょう。

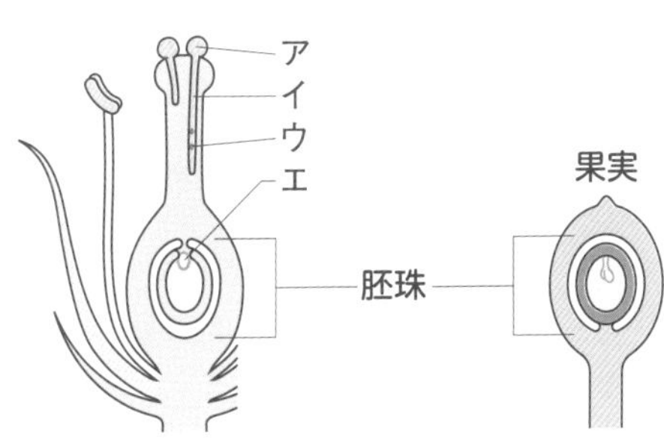

(1) イの管を何といいますか。

(2) 受精はア～エのどれとどれの核が合体して行われますか。

(3) 胚珠は，やがて何とよばれるものになりますか。

ミス注意 生殖細胞のよび方は，被子植物では卵細胞・精細胞，動物では卵・精子と，異なっているので注意しよう。

28 減数分裂 オスとメスがいるわけ

有性生殖で生殖細胞がつくられるときは，**減数分裂**という特別な細胞分裂が行われます。減数分裂では，染色体の数がもとの細胞の半分になります。そのため，生殖細胞の染色体の数はもとの体細胞の半分です。しかし，生殖細胞どうしが受精することにより，受精卵の染色体の数はもとの体細胞と同じになります。

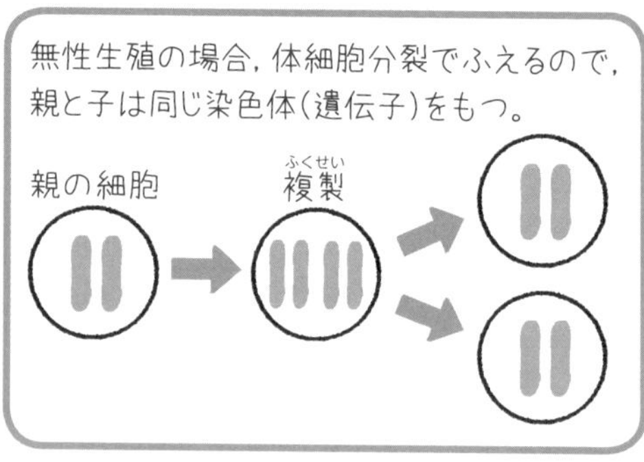

【減数分裂】

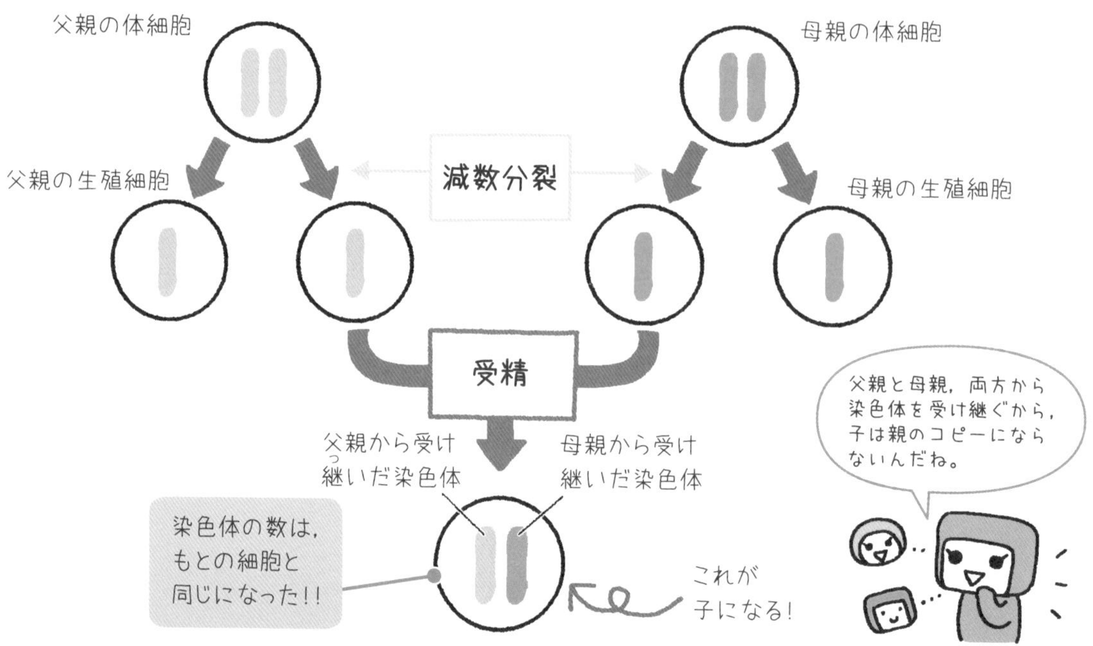

【DNA】

遺伝子は染色体の中に存在しますが，遺伝子の本体は，**DNA**（**デオキシリボ核酸**）という物質です。

DNAは，長い2本のひもがからみ合うような形をした物質で，染色体の中では1本のDNAが何重にも折りたたまれています。

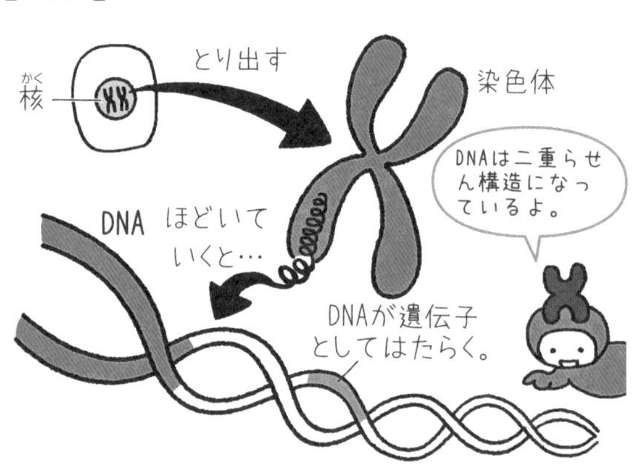

基本練習

答えは別冊9ページ

1 次の問いに答えましょう。

(1) 生殖細胞がつくられるときに行われる特別な細胞分裂を何といいますか。

〔　　　　　〕

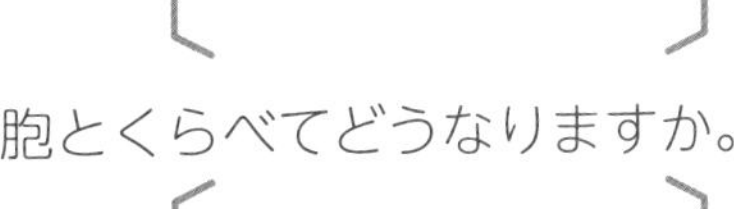

(2) (1)が行われると，染色体の数は分裂前の体細胞とくらべてどうなりますか。適切な記号を選びましょう。 〔　　　　　〕

ア　2倍になる。　　イ　半分になる。

ウ　同じである。

(3) 受精によってできた子の染色体の数は，親の染色体の数とくらべてどうなりますか。適切な記号を選びましょう。 〔　　　　　〕

ア　2倍になる。　　イ　半分になる。

ウ　同じである。

(4) 遺伝子の本体は何という物質ですか。

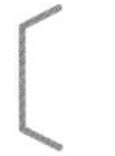

〔　　　　　　　　　〕

2 右下の図は，ある動物の雄(おす)と雌(めす)の細胞の核にある染色体を模式的に表したものです。次の問いに答えましょう。

(1) 雄の生殖細胞にふくまれる染色体を，図にならって，右の円Aの中にかきましょう。

(2) 受精によってできた子の細胞の核にふくまれる染色体を，図にならって，右の円Bの中にかきましょう。

雄
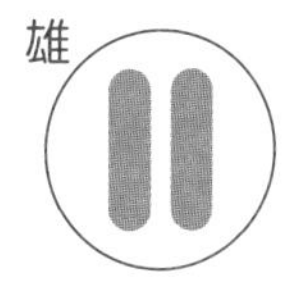
雌

A
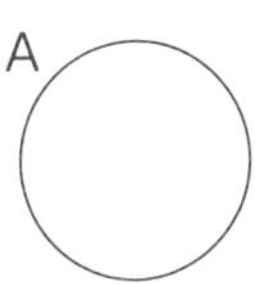
B
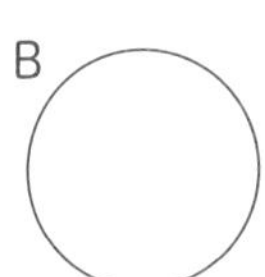

減数分裂で染色体の数が半分になった生殖細胞の核どうしが受精で合体すると，もとの細胞の染色体の数にもどることを理解しよう。

復習テスト 4

➔答えは別冊18ページ

③章 生物の細胞とふえ方

1

図1のように，タマネギの根の先端部を切りとり，60℃のうすい塩酸にひたしてからスライドガラスの上にのせ，酢酸カーミン液を1滴落とし，細胞分裂のようすを顕微鏡で観察しました。図2はそのときのスケッチです。次の問いに答えましょう。

図1 酢酸カーミン液

60℃のうすい塩酸

図2

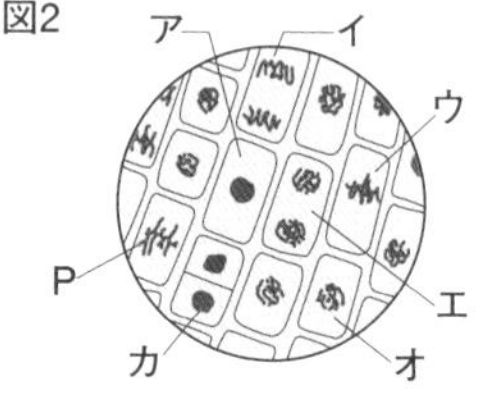

【各5点　計30点】

(1) 根の先端部を用いるのはなぜですか。

[　　　　　　　　　　]

(2) 下線部のようにするのはなぜですか。

[　　　　　　　　　　]

(3) 酢酸カーミン液では，何という部分が染色されますか。 [　　　　]

(4) 図2のひも状のものPを何といいますか。 [　　　　]

(5) 図2のアを始まりとして，イ～カを分裂の順に並べましょう。

ア →[　　→　　→　　→　　→　　]

2

右の図は，分裂してアメーバの個体がふえるようすです。次の問いに答えましょう。

【各5点　計20点】

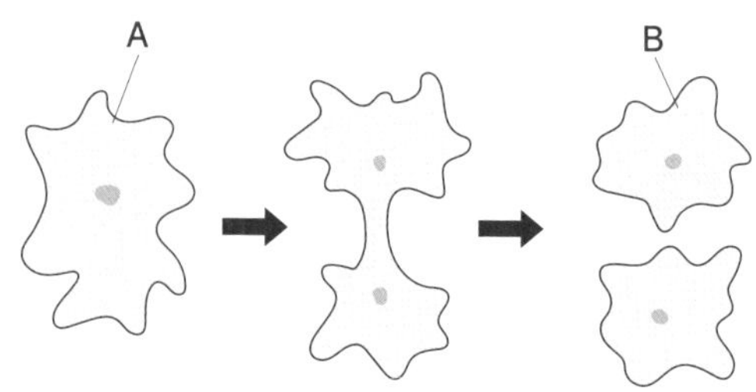

(1) アメーバのような雄と雌がかかわらないで新しい個体ができる生殖方法を何といいますか。 [　　　　]

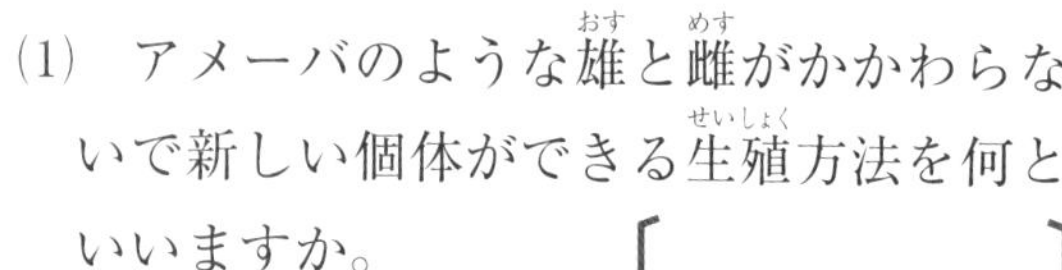

(2) アメーバが行った細胞分裂を何といいますか。 [　　　　]

(3) Bのアメーバの染色体の数は，Aのアメーバの染色体の数とくらべてどうなっていますか。 [　　　　]

(4) アメーバのようにからだが2つに分裂して新しい個体をつくる生物はどれですか。次から1つ選びましょう。 [　　　　]

ア 酵母　　イ ミカヅキモ　　ウ ミジンコ　　エ サツマイモ

(5) 栄養生殖でふえる生物を，(4)のア～エから1つ選びましょう。 [　　　　]

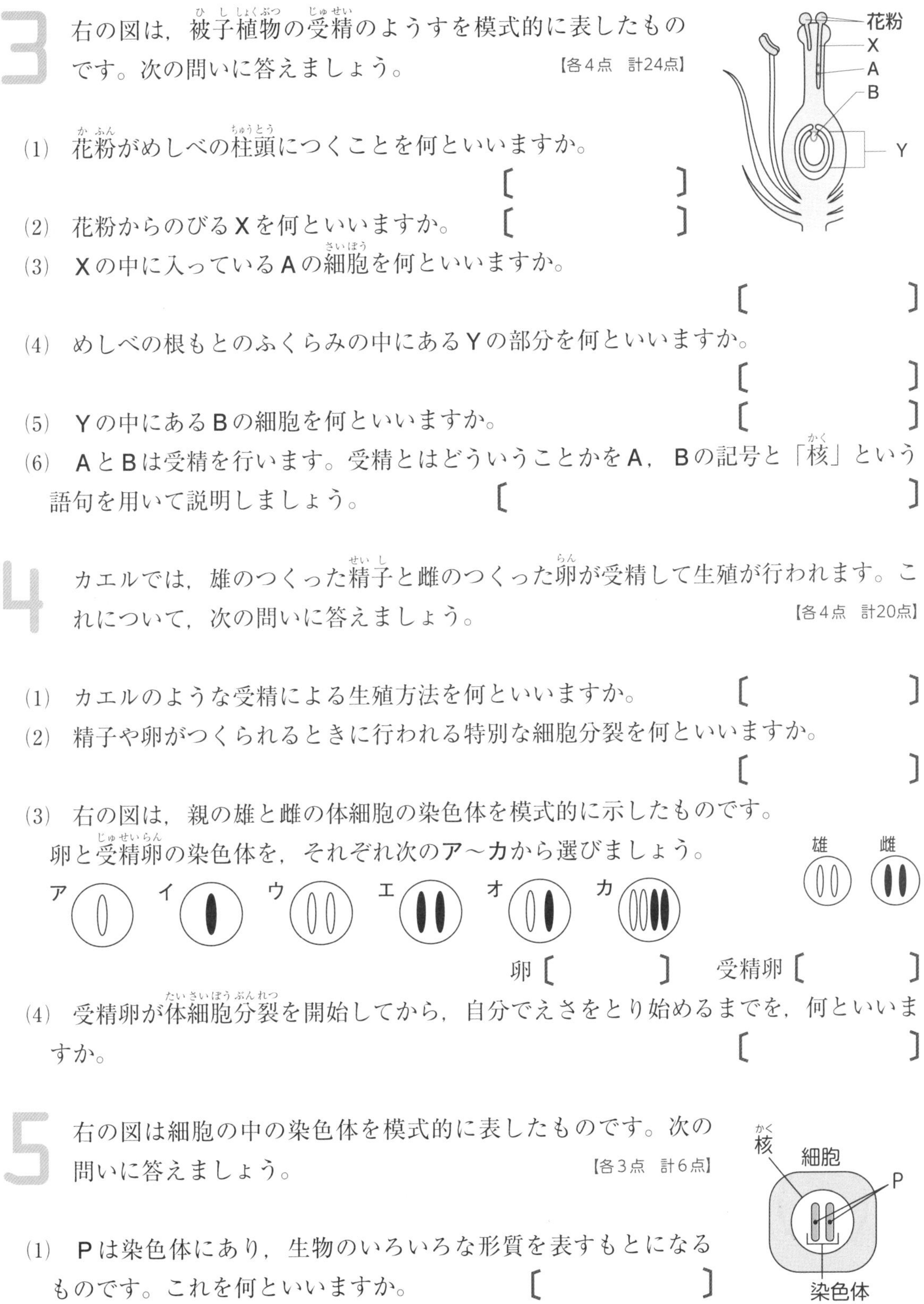

3

右の図は，被子植物の受精のようすを模式的に表したものです。次の問いに答えましょう。　【各４点　計24点】

(1)　花粉がめしべの柱頭につくことを何といいますか。　［　　　　］

(2)　花粉からのびるXを何といいますか。　［　　　　］

(3)　Xの中に入っているAの細胞を何といいますか。　［　　　　］

(4)　めしべの根もとのふくらみの中にあるYの部分を何といいますか。　［　　　　］

(5)　Yの中にあるBの細胞を何といいますか。　［　　　　］

(6)　AとBは受精を行います。受精とはどういうことかをA，Bの記号と「核」という語句を用いて説明しましょう。　［　　　　］

4

カエルでは，雄のつくった精子と雌のつくった卵が受精して生殖が行われます。これについて，次の問いに答えましょう。　【各４点　計20点】

(1)　カエルのような受精による生殖方法を何といいますか。　［　　　　］

(2)　精子や卵がつくられるときに行われる特別な細胞分裂を何といいますか。　［　　　　］

(3)　右の図は，親の雄と雌の体細胞の染色体を模式的に示したものです。卵と受精卵の染色体を，それぞれ次のア～カから選びましょう。

卵［　　　　］　受精卵［　　　　］

(4)　受精卵が体細胞分裂を開始してから，自分でえさをとり始めるまでを，何といいますか。　［　　　　］

5

右の図は細胞の中の染色体を模式的に表したものです。次の問いに答えましょう。　【各３点　計６点】

(1)　Pは染色体にあり，生物のいろいろな形質を表すもとになるものです。これを何といいますか。　［　　　　］

(2)　Pの本体である物質を何といいますか。アルファベット３字で答えましょう。　［　　　　］

29 遺伝 子が親に似るわけ

人の目がひとえかふたえかなど，生物の形や性質を表す特徴を**形質**といいます。形質が親から子に伝わるために，子は親に似るのです。形質が親から子に伝わることを**遺伝**といいます。

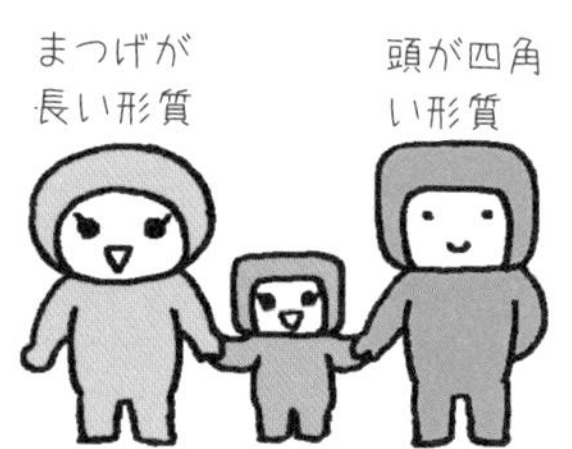

19世紀の中頃，**メンデル**はエンドウの形質に注目して遺伝の実験を行い，遺伝の規則性を発見しました。エンドウの種子には丸いもの（丸形）としわのあるもの（しわ形）があります。このように，1つの個体に同時に現れない形質どうしを**対立形質**といいます。

【エンドウの対立形質の例】

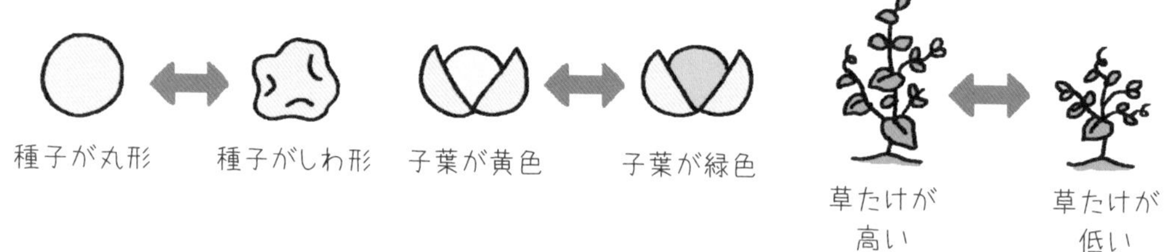

遺伝は，**染色体**にある**遺伝子**が親から子へ伝わることによって起こります。

遺伝子は2個が対になって形質を現します。体細胞には，同じ形，同じ大きさの染色体が2本ずつあり，この2本の染色体にそれぞれ対になった遺伝子が存在します。対になった遺伝子は，**減数分裂**により染色体とともに別々の**生殖細胞**に入ります。

【遺伝子の伝わり方】

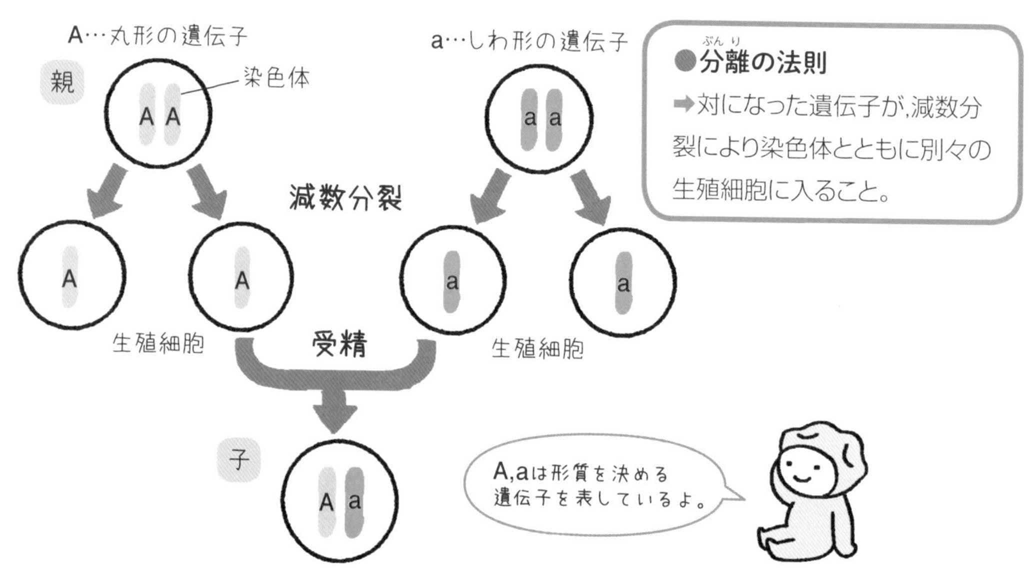

基本練習

➔ 答えは別冊10ページ

1 次の問題に答えましょう。

(1)　親の形質が子や孫に伝わることを何といいますか。

〔　　　　　　〕

(2)　対になっている遺伝子が分かれて，別々の生殖細胞に入ることを何の法則といいますか。

〔　　　　　　〕

(3)　(2)のことが起こるために行われる細胞分裂を何といいますか。

〔　　　　　　〕

2 丸形の遺伝子Aをもつエンドウと，しわ形の遺伝子aをもつエンドウがつくる，生殖細胞の核(かく)にある染色体と遺伝子はどのようになりますか。また，これらが下の図のように受精してできた子の体細胞(たいさいぼう)の核にある染色体と遺伝子はどのようになりますか。それぞれ，次の図の核を表す円の中に，親の体細胞と同じようにかきましょう。

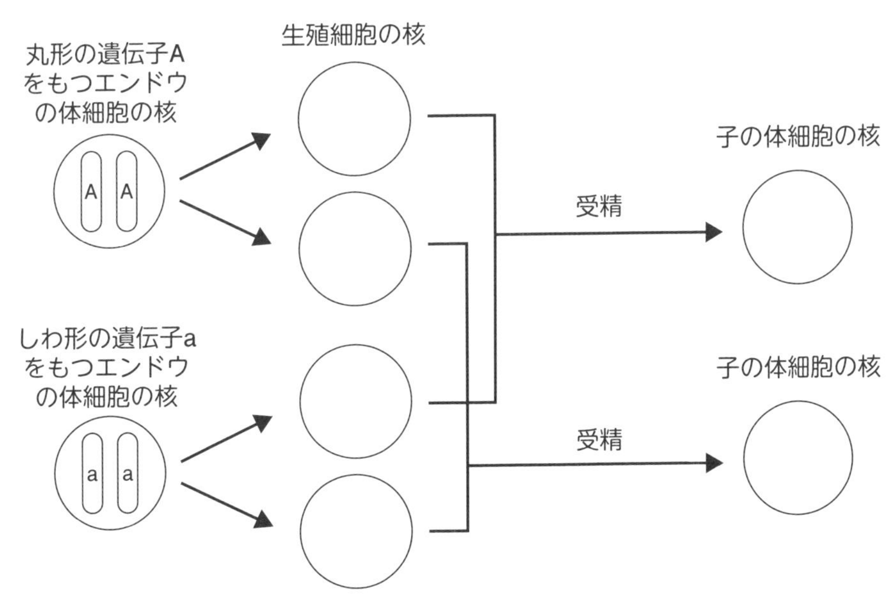

形質を現す遺伝子は２個ずつ対になっていて，同じ形，同じ大きさの別々の染色体にあることを理解しよう。

30 顕性の形質，潜性の形質 メンデルの実験

親，子，孫と世代を重ねても常に親と同じ形質になるとき，これを**純系**といいます。

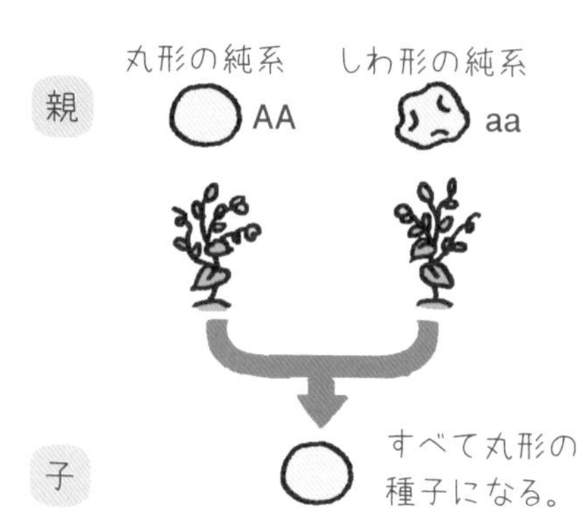

メンデルは実験により，種子が丸形の純系のエンドウとしわ形の純系のエンドウをかけ合わせると，子がすべて丸形の種子になることを発見しました。

【メンデルの実験1（子に現れる形質）】

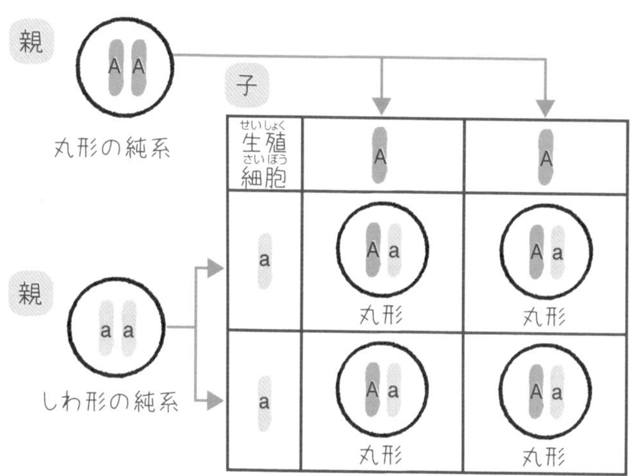

遺伝子がAaという組み合わせのとき
子に現れる形質A → **顕性の形質**
子に現れない形質a → **潜性の形質**

丸形の遺伝子Aは，顕性の形質なのです。

次にメンデルは，子の代の種子を自家受粉させ，孫の代の種子について調べました。すると，孫の代では丸形の種子としわ形の種子の両方ができることがわかりました。

【メンデルの実験2（孫に現れる形質）】 自家受粉…ある植物のめしべに，同じ個体の花粉がつくこと。

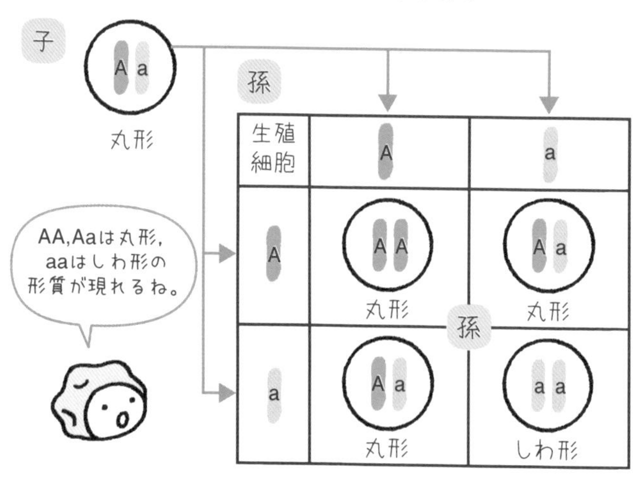

遺伝子の組み合わせの比は
AA：Aa：aa＝1：2：1
できた種子の個数の比は
丸形：しわ形＝3：1
となる。

子の代では，しわ形の形質はかくれていたのだ！

基本練習

→ 答えは別冊10ページ

1 次の問いに答えましょう。

(1) 〔　〕にあてはまる記号を答えましょう。

エンドウの種子の形を決める遺伝子を，丸形をA，しわ形をaと表すと，丸形の純系の遺伝子の組み合わせは〔　　　〕，しわ形の純系の遺伝子の組み合わせは〔　　　〕です。丸形の純系の株(かぶ)としわ形の純系の株をかけ合わせてできた種子の遺伝子の組み合わせは〔　　　〕となります。

(2) 遺伝子の組み合わせがAaの個体に，現れる形質を何といいますか。

〔　　　〕

(3) 遺伝子の組み合わせがAaの個体に，現れない形質を何といいますか。

〔　　　〕

2 丸形の種子をつくる純系の株としわ形の種子をつくる純系の株をかけ合わせると，子はすべて丸形の種子になりました。子を自家受粉させてできた孫の代では，種子が120個できました。次の問いに答えましょう。

(1) 孫の代のしわ形の種子は約何個できましたか。

〔　　　〕

(2) エンドウの種子の形を決める遺伝子を，丸形をA，しわ形をaと表すと，孫の代の丸形の種子のうち遺伝子の組み合わせがAaであるものは約何個できましたか。

〔　　　〕

ミス注意 AAとaaをかけ合わせたとき，子の代に現れるのは顕性の形質だけだけど，孫の代には顕性の形質と潜性の形質の両方が現れることに注意しよう。

31 遺伝の問題の解き方

遺伝の問題

親の遺伝子の組み合わせから，子に現れる形質の個体数の比を求めてみましょう。

【例題】 エンドウの種子の丸形は顕性の形質，種子のしわ形は潜性の形質で，丸形の種子をつくる遺伝子をA，しわ形の種子をつくる遺伝子をaとします。遺伝子の組み合わせがAaの丸形の種子と，遺伝子の組み合わせがaaのしわ形の種子を育ててかけ合わせました。できた種子の，丸形：しわ形の個数の比はどうなりますか。

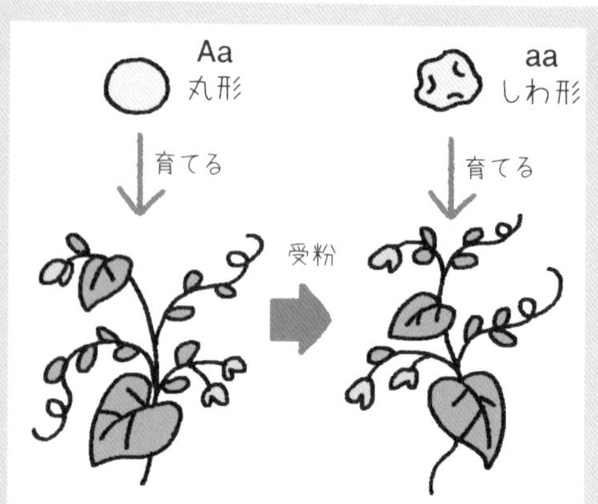

【解き方】

遺伝子の組み合わせがAaの親がつくる生殖細胞の遺伝子は，❶［　　］と❷［　　］です。

遺伝子の組み合わせがaaの親がつくる生殖細胞の遺伝子は，❸［　　］です。かけ合わせ表をつくると，次のようになります。

Aa

生殖細胞	A	a
a	Aa 種子の形…丸形	aa 種子の形…❹［　　］
a	❺［　　］ 種子の形…丸形	❻［　　］ 種子の形…しわ形

（左側：aa）

子の遺伝子の組み合わせの個体数の比は，Aa：aa＝❼［　　］

種子の形の個数の比は，丸形：しわ形＝❽［　　］となります。

【答え】❶A ❷a（❶と❷は順不同）❸a ❹しわ形 ❺Aa ❻aa ❼1：1 ❽1：1

基本練習

答えは別冊10ページ

1 **エンドウの種子の丸形は顕性の形質，種子のしわ形は潜性の形質で，丸形の種子をつくる遺伝子をA，しわ形の種子をつくる遺伝子をaとします。遺伝子の組み合わせがAaの丸形の種子をまいて自家受粉（じかじゅふん）させました。できた種子の丸形，しわ形の個数の比はどうなりますか。〔　　〕にあてはまる記号や語句を答えましょう。**

遺伝子の組み合わせがAaの親がつくる生殖細胞の遺伝子は，

〔　　　　〕と〔　　　　〕です。

かけ合わせ表をつくると，次のようになります。

生殖細胞	A	〔　　　　〕
A	AA 種子の形…〔　　　　〕	〔　　　　〕 種子の形…丸形
a	〔　　　　〕 種子の形…丸形	〔　　　　〕 種子の形…しわ形

子の遺伝子の組み合わせの個体数の比は，

AA：Aa：aa＝〔　　　　　　〕

種子の形の個数の比は，丸形：しわ形＝〔　　　　〕になります。

全部で600個の種子ができたとすると，丸形の種子は，

約〔　　　　〕個，しわ形の種子は約〔　　　　〕個できます。

丸形の種子の中で，遺伝子の組み合わせがAAであるものは

約〔　　　　〕個，Aaであるものは約〔　　　　〕個です。

ポイント　かけ合わせ表は，どんな遺伝子の組み合わせでのかけ合わせでも自在に書けるように，よく練習しよう。

32 進化ってどういうこと？

生物の進化

生物が長い時間をかけて代を重ねる間に変化することを**進化**といいます。

脊椎動物のヒトの腕にあたる部分は，動物によって形やはたらきがちがいますが，骨格の基本的なつくりが同じです。これは，共通する祖先の生物の同じ部分から変化したもので進化の証拠の１つと考えられています。このような器官を**相同器官**といいます。

【相同器官】

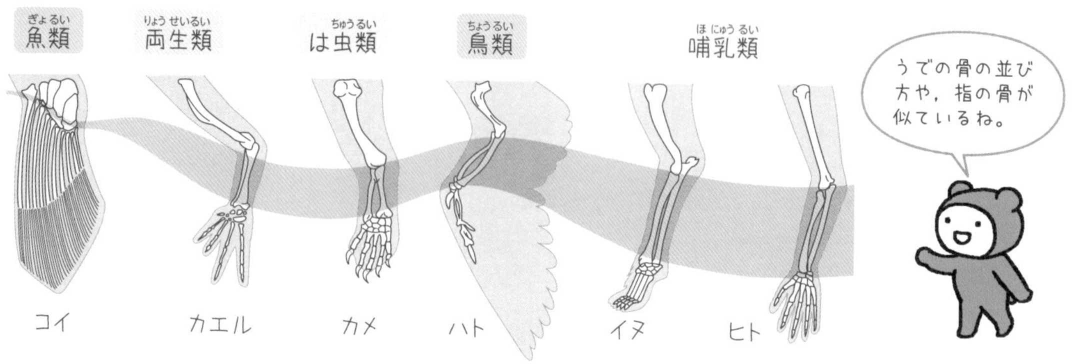

脊椎動物のうち，化石が最も古い地層から発見されたのは魚類です。次いで両生類，は虫類，哺乳類，鳥類の順に，化石が発見されました。また，下の図の脊椎動物のそれぞれのグループの特徴から，脊椎動物は，魚類から両生類，両生類からは虫類，は虫類から鳥類へと，しだいに水中生活から陸上生活に適した生物へと進化したと考えられています。

【脊椎動物が出現した時代と5つのグループの特徴】

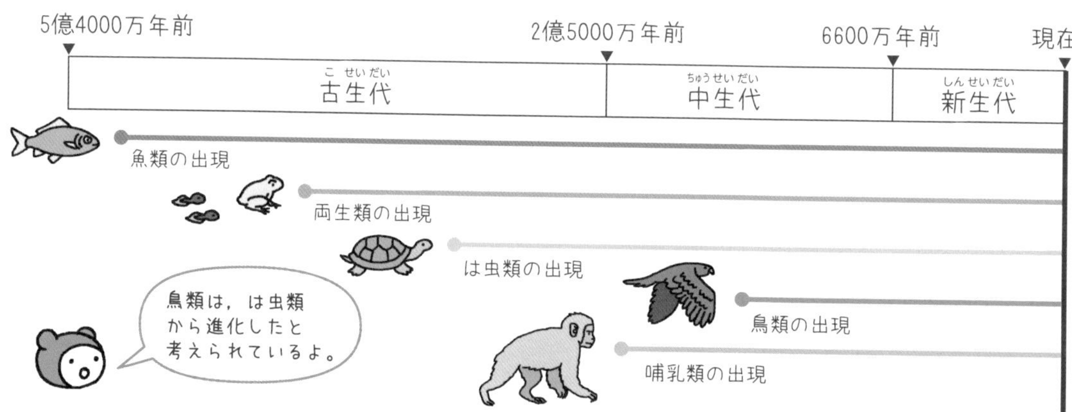

魚類	両生類	は虫類	鳥類	哺乳類
えらで呼吸	えらで呼吸／肺で呼吸	肺で呼吸		
子は水中で生まれる		子は陸上で生まれる		
卵生（殻なし）		卵生（殻あり）		胎生

基本練習

答えは別冊10ページ

1 次の問題に答えましょう。

(1) 生物が長い時間をかけて代を重ねる間に変化することを何といいますか。

〔　　　　　〕

(2) ヒトのうでとクジラのひれのように，基本的なつくりが同じで，祖先の生物の同じ部分が変化したと考えられる器官を何といいますか。

〔　　　　　〕

(3) 魚類，両生類，は虫類，鳥類，哺乳類のなかで，最初に地球上に現れたと考えられているのはどのなかまですか。

〔　　　　　〕

(4) 両生類，は虫類，鳥類，哺乳類のなかで，魚類の一部が陸上に上がって進化したと考えられているのはどのなかまですか。

〔　　　　　〕

(5) 両生類とは虫類では，陸上の乾燥(かんそう)した環境(かんきょう)により適しているのはどちらですか。

〔　　　　　〕

(6) 鳥類と哺乳類のうち，体表に羽毛をもったは虫類のなかまから進化したと考えられているのはどちらですか。

〔　　　　　〕

相同器官は，ヒトのうでとクジラのひれのようにはたらきや形はちがっても，基本的な骨格は同じということを覚えよう。

もっとくわしく

シソチョウ（始祖鳥）

シソチョウは，ドイツの1億5千万年前の地層から化石で発見された生物で，からだ全体が羽毛におおわれ，前あしが翼(つばさ)になっているという鳥類の特徴をもっています。しかし，口に歯があり，翼の先につめがあるというは虫類の特徴ももっているので，は虫類と鳥類の中間の生物であると考えられています。

シソチョウの姿の想像図

33 食物連鎖・食物網 自然界のネットワーク

ある環境とそこにすむ生物を１つのまとまりとしてとらえたものを**生態系**といい，その中での生物どうしの食べる，食べられるというつながりを**食物連鎖**といいます。しかし，多くの動物は複数の植物・動物を食べるため，食物連鎖は複雑にからみ合っています。これらは複雑な網の目のようになるので，このようなつながりを**食物網**といいます。食物連鎖や食物網のはじまりは，**植物**です。

【食物網】

１つの生態系では，ふつう食べる生物より食べられる生物の方が数量が多くなります。そのため，食物連鎖における数量の関係はピラミッド形になります。

【食物連鎖の数量的な関係】

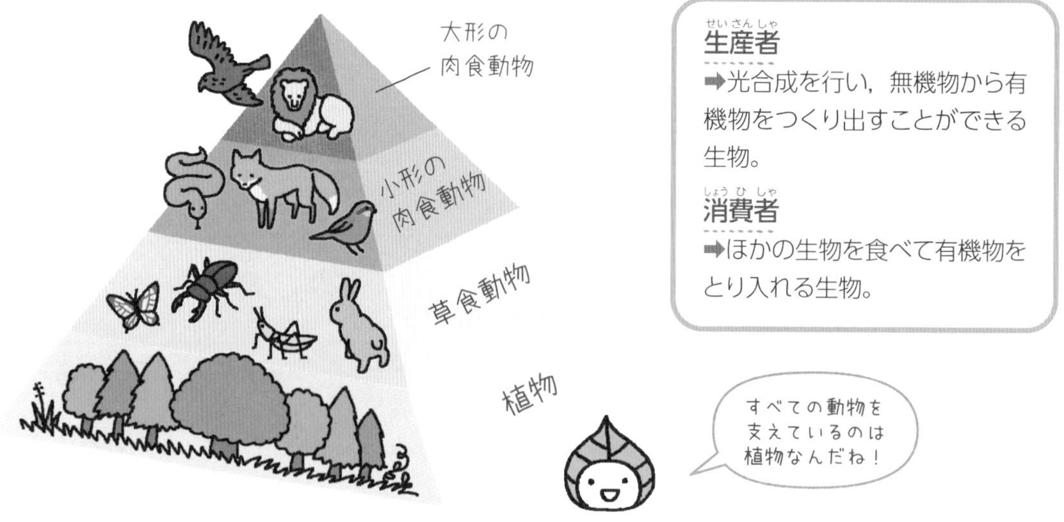

生産者
➡光合成を行い，無機物から有機物をつくり出すことができる生物。

消費者
➡ほかの生物を食べて有機物をとり入れる生物。

基本練習

答えは別冊11ページ

1 次の問題に答えましょう。

(1) ある環境とそこにすむ生物を1つのまとまりとしてとらえたものを何といいますか。 〔　　　　〕

(2) 生物どうしの食べる，食べられるというつながりを何といいますか。 〔　　　　〕

(3) (2)のつながりが，複数の生物の間で複雑な網の目のようにからみ合ったものを何といいますか。 〔　　　　〕

(4) 生態系において，有機物をつくり出す生物を何とよびますか。 〔　　　　〕

(5) 生態系において他の生物から有機物をとり入れる生物を何とよびますか。 〔　　　　〕

(6) 植物とそれを食べる草食動物では，数量が多いのはどちらですか。 〔　　　　〕

ミス注意 **自ら有機物をつくり出さない生物はすべて消費者だよ。草食動物のように，消費者であってもほかの消費者に食べられる生物はたくさんいるよ。**

もっとくわしく

生物の数量のつり合い

食物連鎖の数量の関係は，一時的な増減があってもピラミッド形で安定しています。例えば草食動物が減ると，食べ物である植物がふえ，草食動物を食べる肉食動物が減ります。やがて，食べ物が豊富なので草食動物がふえ，肉食動物もふえてもとのピラミッド形にもどります。

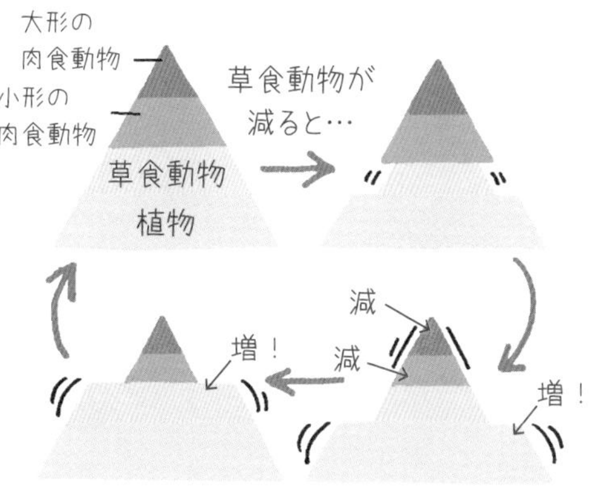

34 物質の循環 自然が行うリサイクル

消費者のうち，生物の死がいや排出物から栄養分を得ている生物を**分解者**といいます。分解者には，ミミズやダンゴムシなどの土中の小動物や，**菌類**（カビやキノコなど）や**細菌類**（大腸菌や乳酸菌など）などの微生物がいます。

分解者によって，生物が出した有機物は，最終的に水や二酸化炭素などの無機物に分解されます。分解された無機物の一部は植物に吸収されて，再び有機物に合成されます。

【分解者のはたらき】

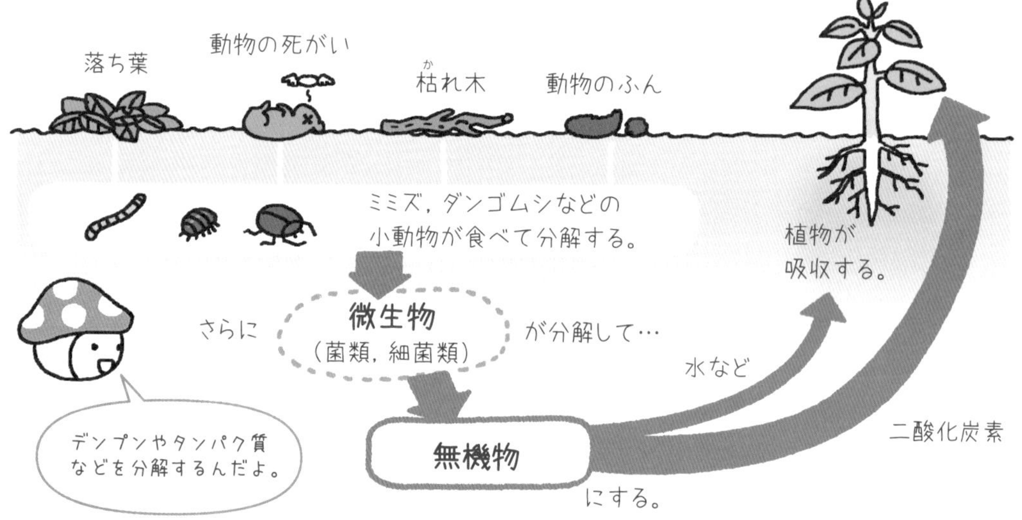

炭素や酸素などは，生物の活動を通じて，下の図のように生物のからだと外界の間を循環しています。

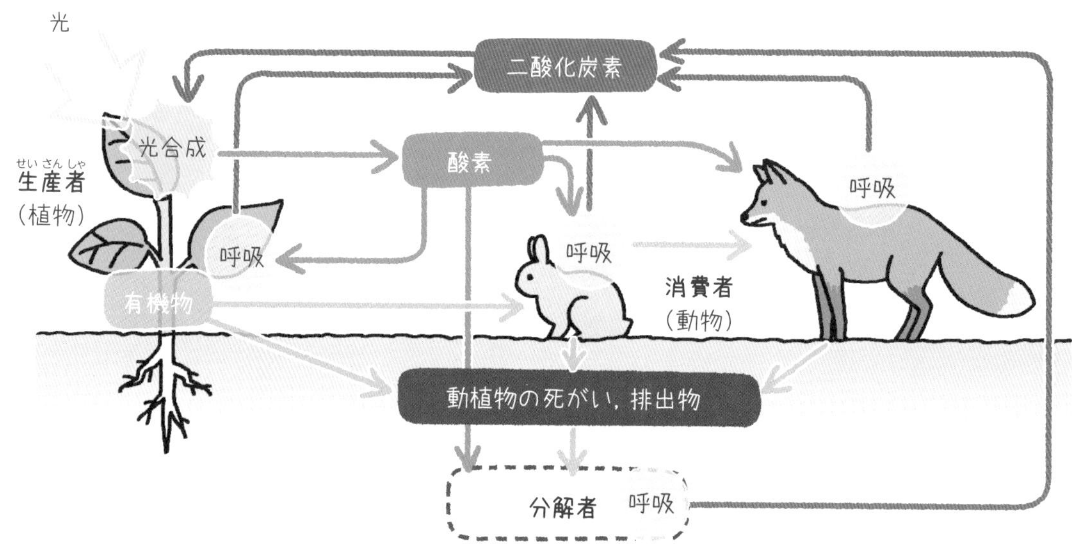

基本練習

答えは別冊11ページ

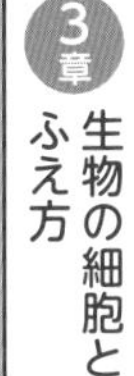

1 **〔　　〕にあてはまる語句を答えましょう。**

生物の死がいや排出物は，①〔　　　　　〕のはたらきによって，最終的に水や二酸化炭素などの無機物にまで分解されます。①には，カビやキノコなどの〔　　　　　〕や，大腸菌や乳酸菌などの〔　　　　　〕などがいます。

2 **右の図は物質の循環を示したものです。次の問題に答えましょう。**

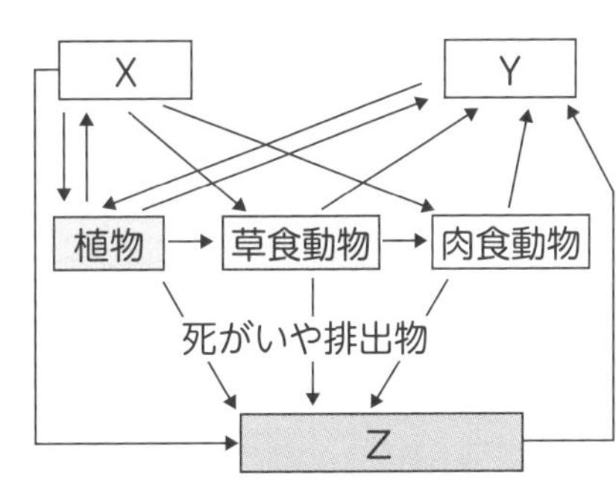

(1) 気体X，Yの名前を答えましょう。

X〔　　　　　〕

Y〔　　　　　〕

(2) 植物がXを出すときに行うはたらきを何といいますか。

〔　　　　　〕

(3) 草食動物や肉食動物がYを出すときに行うはたらきを何といいますか。

〔　　　　　〕

(4) 物質の循環についての説明として正しいものはどれですか。次から選びましょう。〔　　　〕

ア 分解者は光合成をして酸素をつくる。

イ 炭素は，生物の活動を通じて生態系の中を循環している。

ウ 分解者によって分解された無機物は地中にとどまり続ける。

(5) 生態系（せいたいけい）において，生物Zは何とよばれていますか。

〔　　　　　〕

ミス注意 **分解者には，菌類，細菌類だけでなく，落ち葉や生物の死がい，排出物などを食べる小動物もふくまれることに注意しよう。**

復習テスト５

➔答えは別冊19ページ

得点　　／100点

1

エンドウを使って，遺伝の規則を調べる実験を行いました。次の問いに答えましょう。【各６点　計48点】

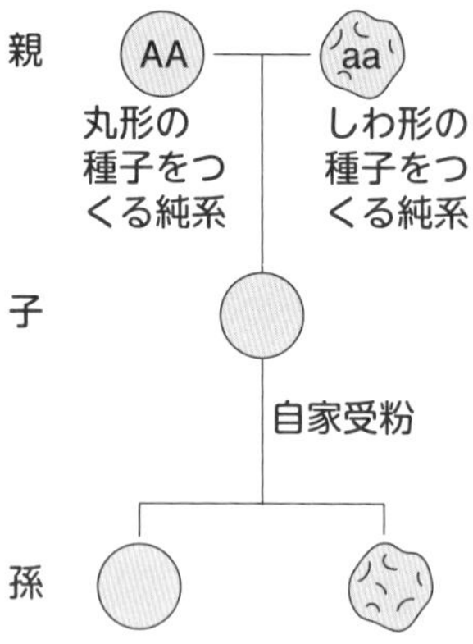

【実験１】丸形の種子をつくる純系のエンドウ（遺伝子の組み合わせをAAとする）としわ形の種子をつくる純系のエンドウ（遺伝子の組み合わせをaaとする）をかけ合わせると，子の代ではすべて丸形の種子になった。子の丸形の種子をまいて育てて自家受粉させたところ，孫の代では丸形の種子としわ形の種子ができた。

(1)　対になったAA，またはaaの遺伝子は，生殖細胞ができるときに１個ずつ分かれて別々の生殖細胞に入ります。この法則を何といいますか。　［　　　　］

(2)　子の種子の遺伝子の組み合わせを書きましょう。　［　　　　］

(3)　子の代がすべて丸形の種子になったことから，種子の丸形の形質を何といいますか。　［　　　　］

(4)　孫の代の丸形の種子の遺伝子の組み合わせをすべて書きましょう。　［　　　　］

(5)　孫の代で400個の種子ができたとき，しわ形の種子は約何個ですか。　［　　　　］

【実験２】遺伝子の組み合わせが不明な丸形の種子を育てた株と，しわ形の種子をつくる純系を育てた株をかけ合わせたところ，子には丸形の種子としわ形の種子ができた。

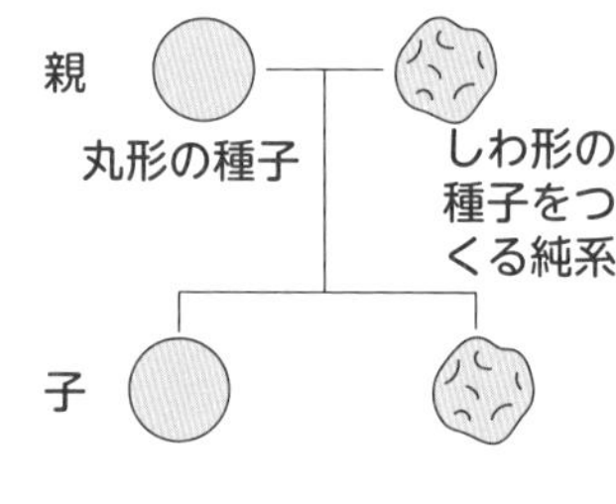

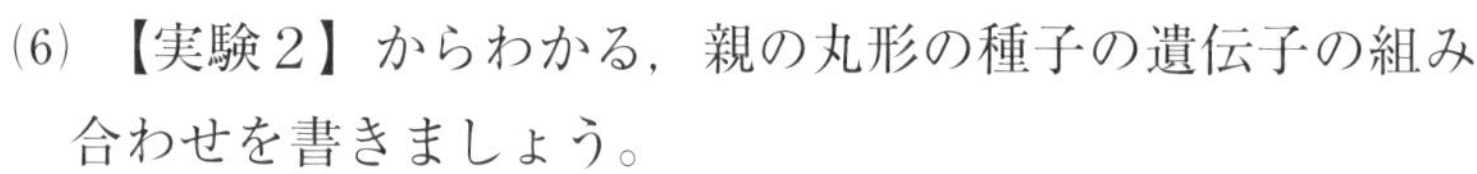

(6)　【実験２】からわかる，親の丸形の種子の遺伝子の組み合わせを書きましょう。　［　　　　］

(7)　子の丸形の種子の遺伝子の組み合わせを書きましょう。　［　　　　］

(8)　子の代で400個の種子ができたとき，しわ形の種子は約何個ですか。　［　　　　］

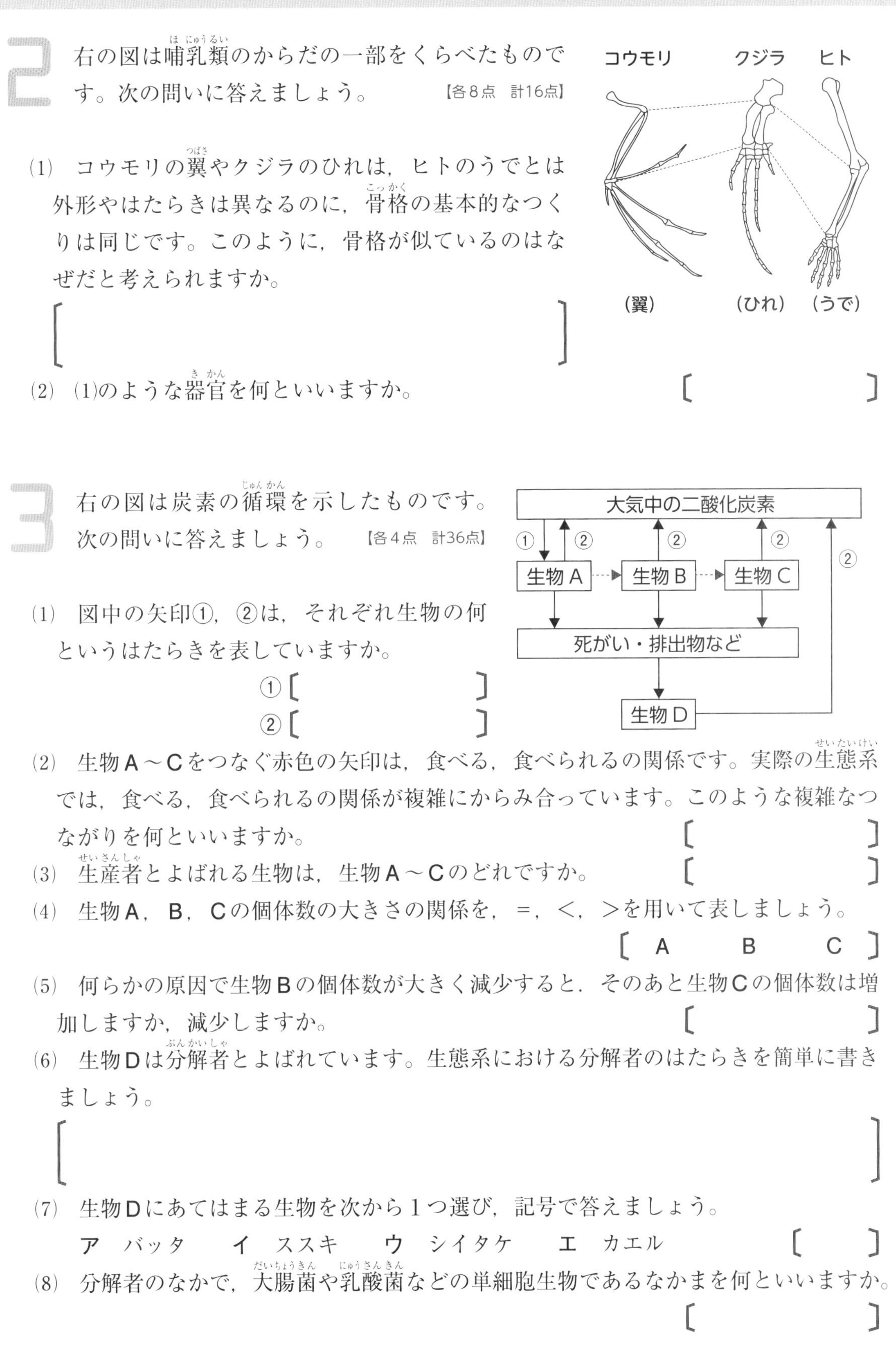

2

右の図は哺乳類のからだの一部をくらべたものです。次の問いに答えましょう。　【各8点　計16点】

(1) コウモリの翼やクジラのひれは，ヒトのうでとは外形やはたらきは異なるのに，骨格の基本的なつくりは同じです。このように，骨格が似ているのはなぜだと考えられますか。

[　　　　　　　　　　]

(2) (1)のような器官を何といいますか。　[　　　　　]

3

右の図は炭素の循環を示したものです。次の問いに答えましょう。　【各4点　計36点】

(1) 図中の矢印①，②は，それぞれ生物の何というはたらきを表していますか。

①[　　　　　]

②[　　　　　]

(2) 生物A～Cをつなぐ赤色の矢印は，食べる，食べられるの関係です。実際の生態系では，食べる，食べられるの関係が複雑にからみ合っています。このような複雑なつながりを何といいますか。　[　　　　　]

(3) 生産者とよばれる生物は，生物A～Cのどれですか。　[　　　　　]

(4) 生物A，B，Cの個体数の大きさの関係を，=，<，>を用いて表しましょう。

[A　　B　　C]

(5) 何らかの原因で生物Bの個体数が大きく減少すると，そのあと生物Cの個体数は増加しますか，減少しますか。　[　　　　　]

(6) 生物Dは分解者とよばれています。生態系における分解者のはたらきを簡単に書きましょう。

[　　　　　　　　　　]

(7) 生物Dにあてはまる生物を次から1つ選び，記号で答えましょう。

ア バッタ　イ ススキ　ウ シイタケ　エ カエル　[　　]

(8) 分解者のなかで，大腸菌や乳酸菌などの単細胞生物であるなかまを何といいますか。

[　　　　　]

35 太陽は東から西へ動く！

太陽の日周運動

太陽は，時間とともに東の空から，南の空を通って，西の空へと動きます。このような太陽の１日の動きを，**太陽の日周運動**といいます。

【太陽の1日の動き】

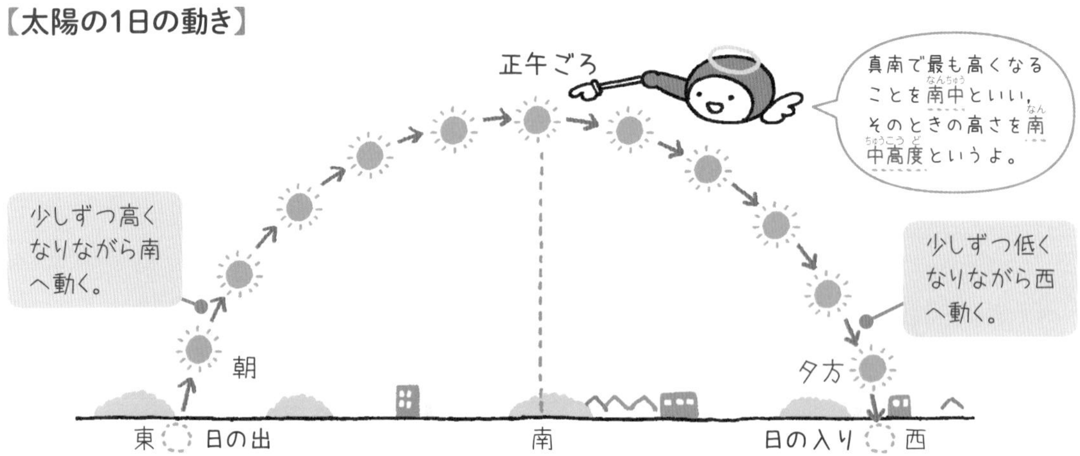

地球は西から東へ地軸を軸として約１日に1回転しています。これを地球の**自転**といいます。地球が西から東へ自転しているから，太陽は東から西へ動いているように見えるのです。

【地球の自転】

地軸
北極
太陽は動かない。
北
西
東
南
南極
地球は西から東へ自転する。

北極の真上から見ると，地球は反時計回りに自転しています。そのため，下のように**ア**の日の出には太陽は東に，**イ**の正午には南に，**ウ**の日の入りには西に見えます。

【北極の真上から見た地球の自転】

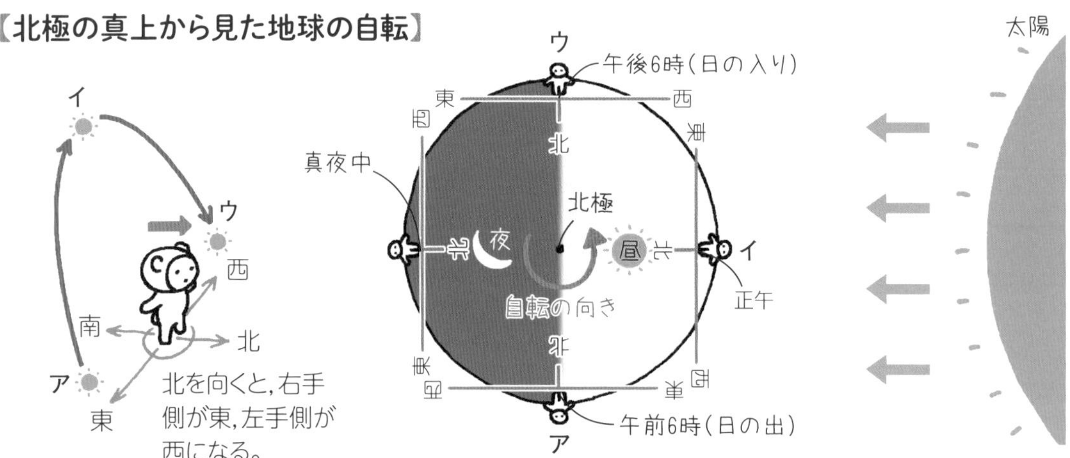

基本練習

答えは別冊11ページ

1 〔　　〕にあてはまる語句を答えましょう。

太陽は朝，〔　　　　〕の空からのぼり，〔　　　　〕の空を通って〔　　　　〕の空に沈(しず)む。このような太陽の1日の動きを，太陽の〔　　　　　　〕という。

2 右の図は，北極の真上から見た地球を示しています。次の問いに答えましょう。

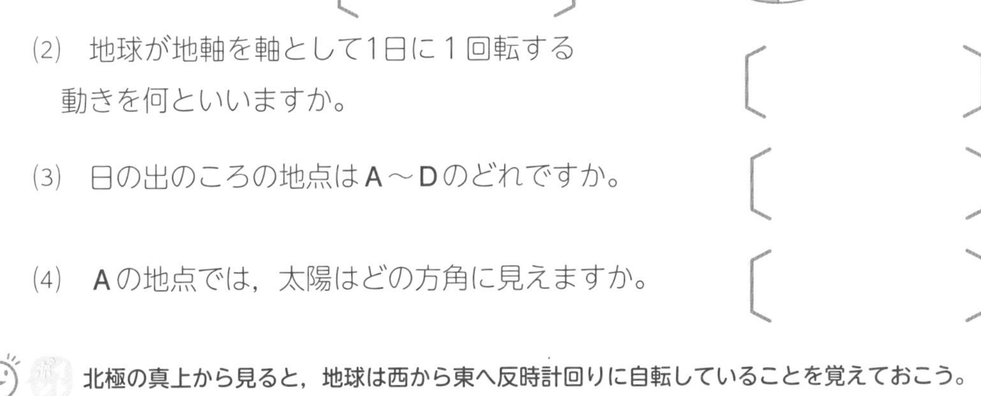

(1)　地球はア，イのどちらの向きに回転していますか。〔　　　　〕

(2)　地球が地軸を軸として1日に1回転する動きを何といいますか。〔　　　　〕

(3)　日の出のころの地点はA～Dのどれですか。〔　　　　〕

(4)　Aの地点では，太陽はどの方角に見えますか。〔　　　　〕

北極の真上から見ると，地球は西から東へ反時計回りに自転していることを覚えておこう。

もっとくわしく

太陽の動きの調べ方

透明(とうめい)半球を使うと，太陽の動きを調べることができます。水平な台の上に画用紙と透明半球を固定し，一定時間ごとに太陽の位置を記録します。印をなめらかな曲線で結ぶと，太陽の動いた道すじがわかります。

太陽は一定の速さで動くため，一定時間ごとに記録した印は等間隔になります。

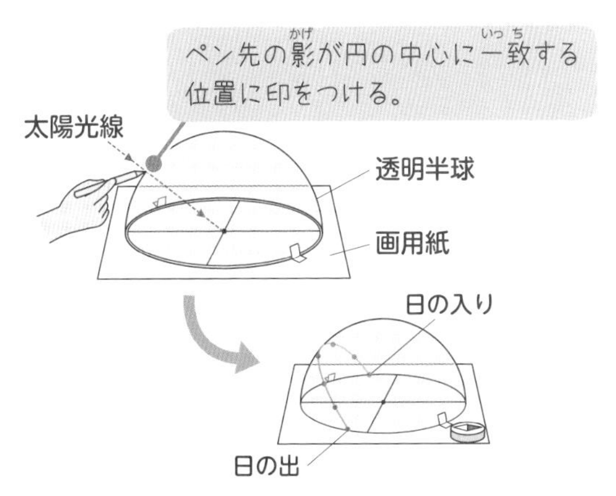

36 星の日周運動
星も東から西へ動く！

東の空からのぼった星は，南の空の高いところを通って，西の空に沈みます。このような星の1日の動きを**星の日周運動**といいます。星の日周運動も，太陽の日周運動と同様に地球が**自転**していることによる見かけの動きです。星は１日に約360°，1時間に約15°動きます。

【東・南・西の空の星の動き】

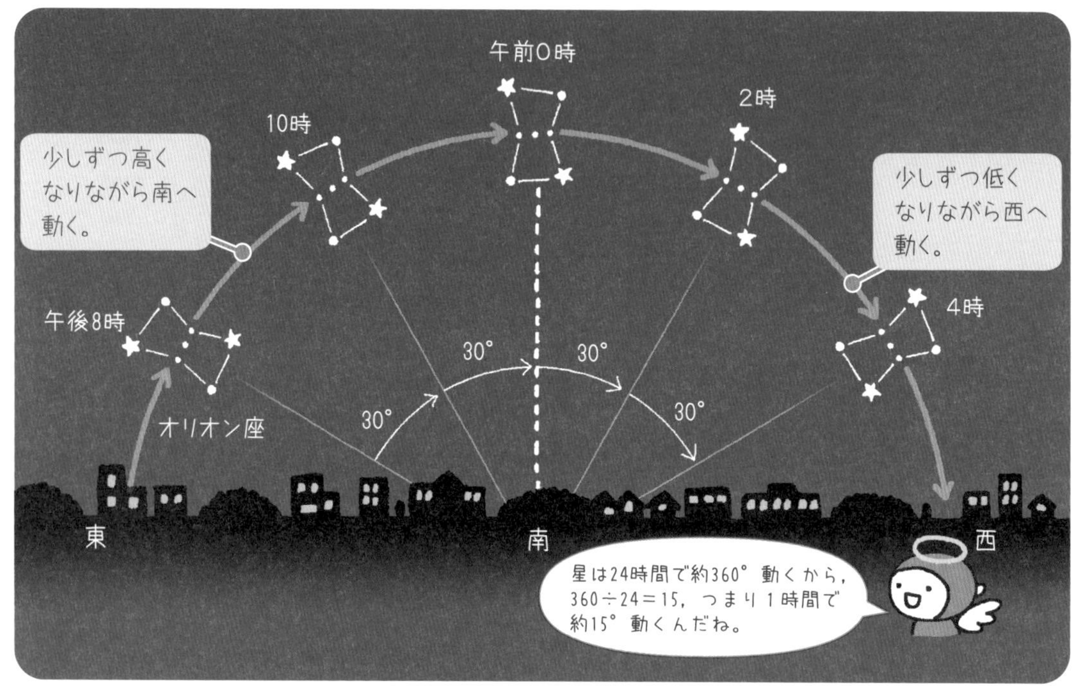

太陽や星の日周運動は，右の図のような**天球**を考えると便利です。

天球は実際には存在しません。しかし，太陽や星のはりついた天球が天の北極と天の南極を結ぶ線（地軸を延長した線）を軸として回転していると考えると，太陽や星の日周運動がうまく説明できるのです。

西→東に地球が自転するから，天球は東→西に回転して見えるよ。

【地球の自転と天球の回転】

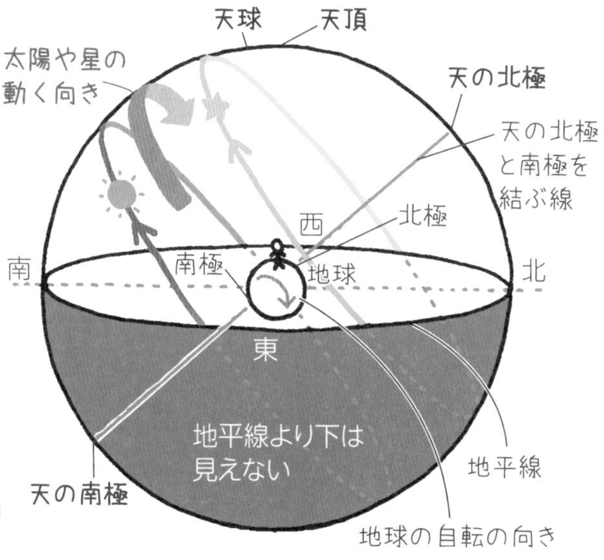

基本練習

答えは別冊11ページ

1 **〔　　〕にあてはまる語句を答えましょう。**

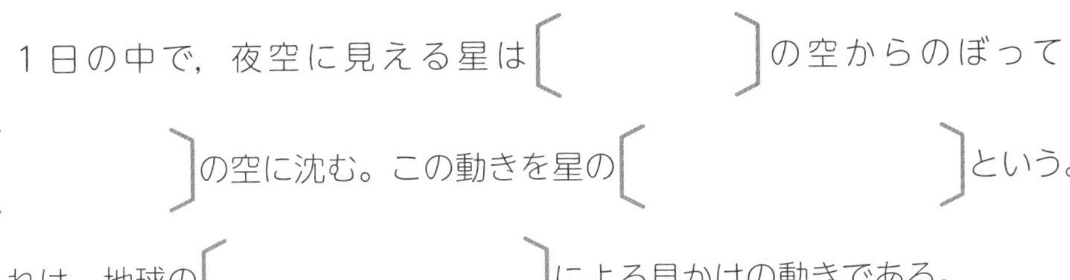

1日の中で，夜空に見える星は〔　　　〕の空からのぼって〔　　　〕の空に沈む。この動きを星の〔　　　〕という。これは，地球の〔　　　〕による見かけの動きである。

太陽や星の1日の動きは，地球のまわりをおおう太陽や星がはりついた〔　　　〕とよばれる球が，地球の自転の軸である〔　　　〕を延長した線を軸にして回転していると考えると，うまく説明できる。

2 **下の図は，東，南，西の空の星の動きを示したものです。次の問いに答えましょう。**

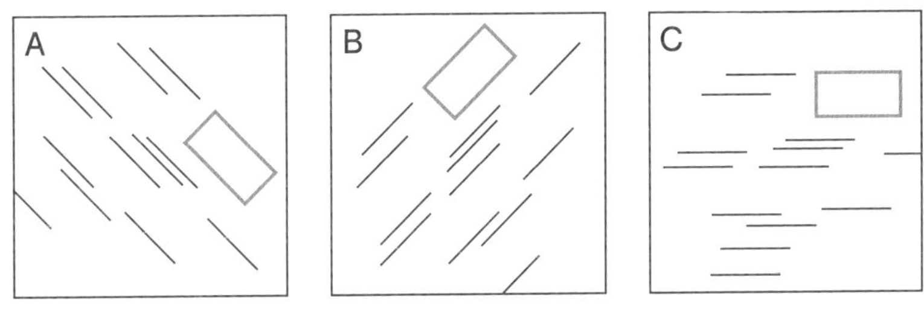

(1)　A～Cは，それぞれどの方角の星の動きを示したものですか。

A〔　　　〕　B〔　　　〕　C〔　　　〕

(2)　星の動いた向きに，それぞれA～Cの□に→をかきましょう。

星は1時間に約15°東から西へ動き，約1日で1回転してもとの位置にもどることを覚えよう。

37 北の空では星が回転する！

北の空の星の動き

北の空の星は，**北極星**を中心に，１時間に約15°の速さで反時計回りに回転しているように見えます。これは，地球が天の北極と天の南極を結ぶ線（地軸を延長した線）を軸として回転していて，北極星が天の北極の近くにあるからです。

北の空の星の動きも，地球が自転していることによって起こる**星の日周運動**です。

【北の空の星の動き】

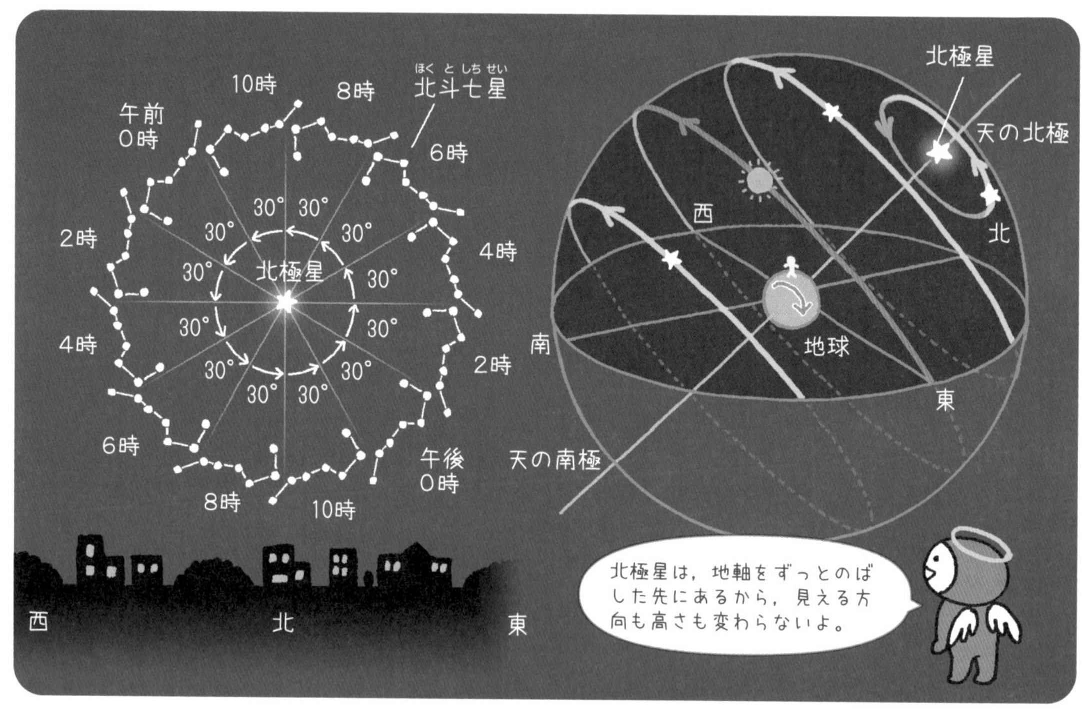

地球は球形をしているため，観測する場所の緯度によって太陽や星の見え方が変わります。

赤道では，太陽や星は地平線と垂直にのぼり，垂直に沈みます。南半球では，北極星付近の星は見ることができませんが，南の空の星は天の南極を中心に回転しているように見えます。

【各地点での星の動き】

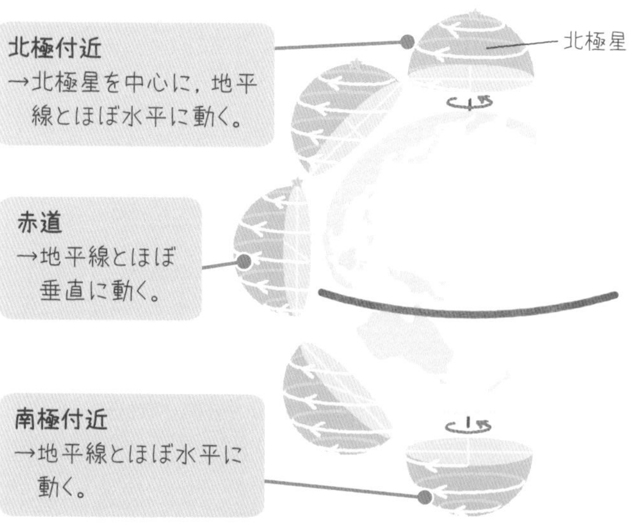

基本練習

答えは別冊12ページ

1 〔　　〕にあてはまる語句を答えましょう。

北の空の星は〔　　　　　〕を中心に，1時間に約〔　　　　〕°ずつ回転するように動く。これは，地球の〔　　　　　〕による見かけの運動である。

2 **右の図は，北の空の星をスケッチしたものです。時間がたつと，北の空の星は星Pを中心に回転するように動きましたが，星Pは時間がたっても動きませんでした。次の問いに答えましょう。**

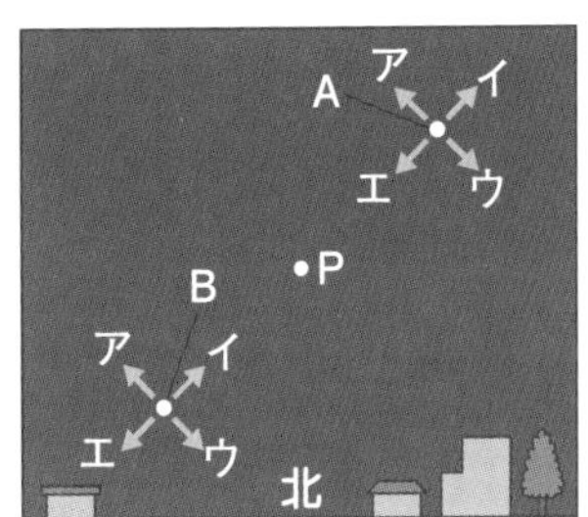

(1)　星Pは何という星ですか。

(2)　時間がたつと，星A，星Bはそれぞれ**ア**～**エ**のどの向きに動きますか。

星A〔　　　　〕　星B〔　　　　〕

(3)　南半球では，星Pはどこに見えますか。次の**ア**～**ウ**から選びましょう。

ア　北の空に見える。
イ　南の空に見える。
ウ　見えない。

〔　　　　〕

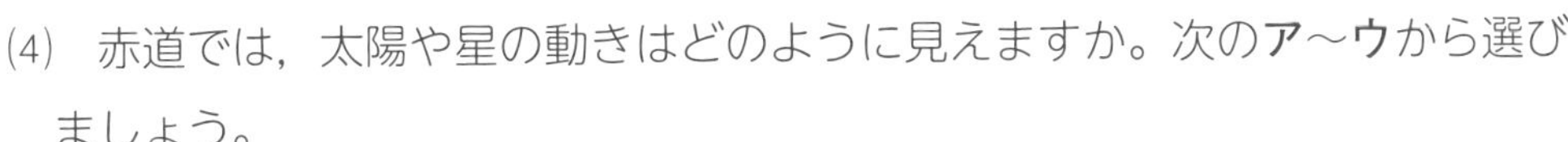

(4)　赤道では，太陽や星の動きはどのように見えますか。次の**ア**～**ウ**から選びましょう。

ア　地平線とほぼ平行に動く。
イ　地平線とほぼ垂直に動く。
ウ　真東からのぼって南の空を通って真西に沈む。

〔　　　　〕

空全体の星の動きを，天球の回転をイメージして理解しよう。

38 天体の年周運動 1か月で星の見え方はどう変わる？

地球は，太陽のまわりを１年で１回転しています。これを，地球の公転（こうてん）といいます。

地球が公転して星座と地球の位置関係が変化するので，同じ時刻に見える星座の方角が少しずつ動いて見えます。このような星の見かけの動きを星の年周運動（ねんしゅううんどう）といいます。

地球は１年で１回（360°）公転するので，１か月では約30°公転します。そのため，同じ時刻に星座を観察すると，１か月で約30°，１日に約1°ずつ動いて見えます。

【地球の公転の変化】 各月1日の午前0時

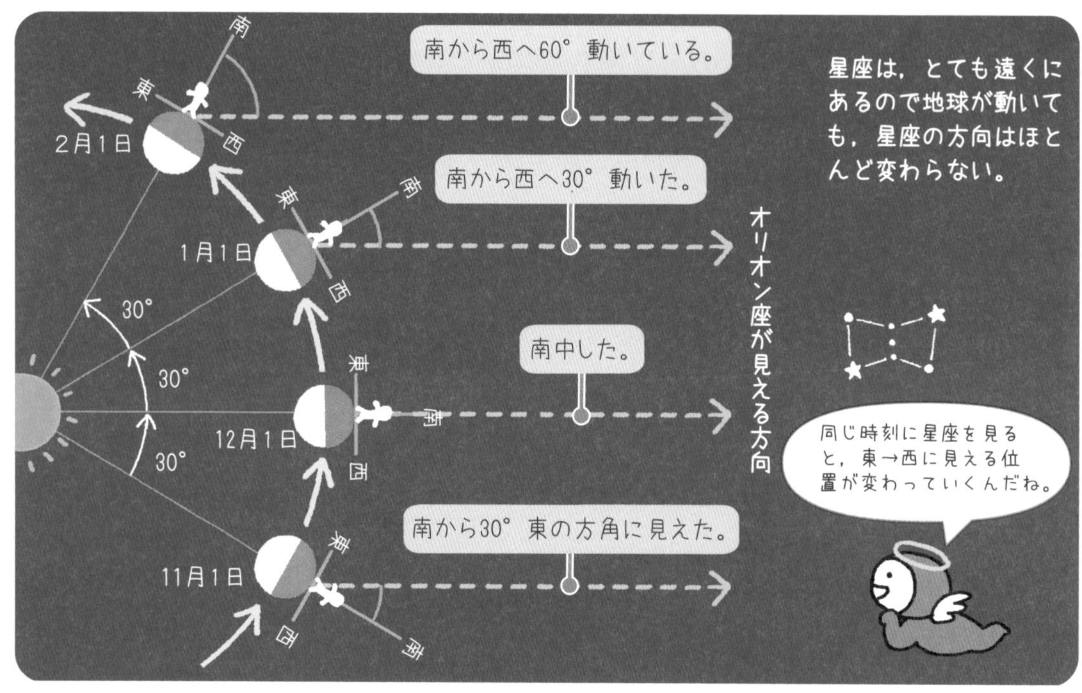

【オリオン座の年周運動】 各月1日の午前0時

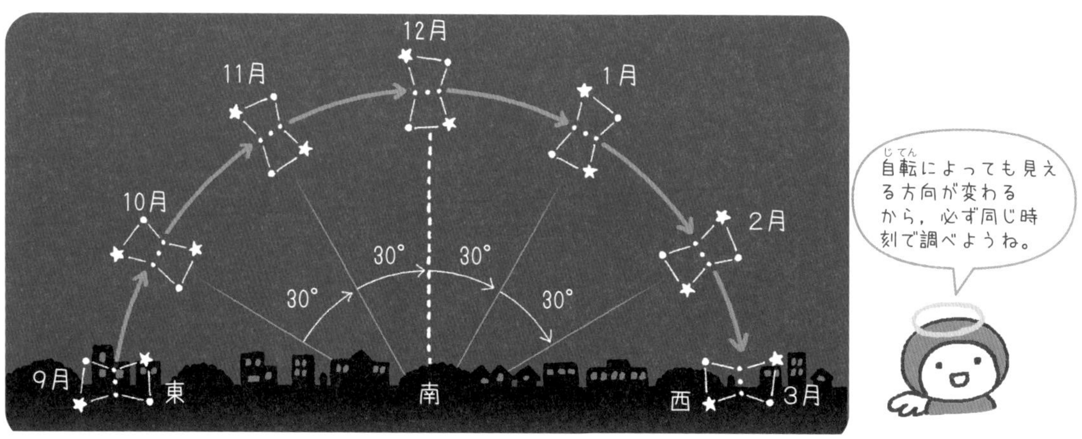

基本練習

答えは別冊12ページ

1 次の問いに答えましょう。

(1) 地球が太陽のまわりを１年で１回転する動きを地球の何といいますか。

〔　　　　　　〕

(2) 地球は太陽のまわりを１か月に約何度回転しますか。

〔　　　　　　〕

(3) (1)により，同じ時刻に見える星の位置が東から西に動くことを，星の何といいますか。

〔　　　　　　〕

(4) 同じ時刻に見える星の位置は1か月に約何度動いて見えますか。

〔　　　　　　〕

(5) 同じ時刻に見える星の位置は１日に約何度動いて見えますか。

〔　　　　　　〕

ミス注意　地球の自転の向きと公転の向きは同じなので，星の年周運動で星の動く向きは，日周運動と同じで東から西になることに注意しよう。

もっとくわしく

自転と公転の向き

北極の方向から地球の公転(こうてん)と自転(じてん)を見ると，右の図のようにどちらも反時計回りに回転しています。

また，図のように地球上の真夜中の地点では，北極の方向が北なので，太陽と反対の方向が南になります。

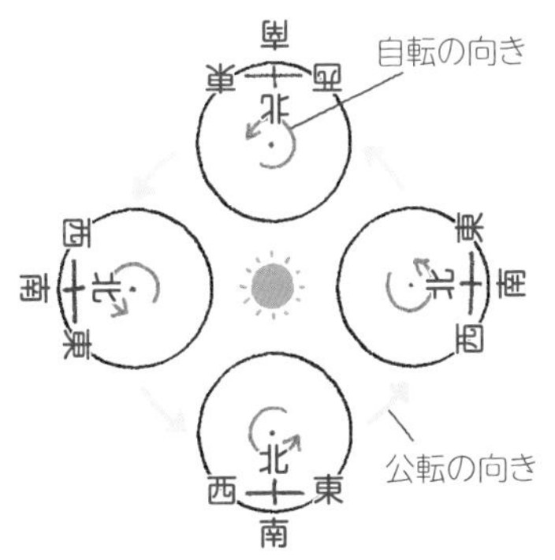

39 四季の星座
季節で見える星座が変わるわけ

同じ時刻に南の空に見える星座は，季節によって変わります。

地球から見て，太陽と同じ方向にある星座は，見ることができません。季節を代表する星座は，太陽と反対の方向にあります。地球の公転(こうてん)によって太陽と反対の方向にある星座が変わっていくことによって，季節で見える星座が変わるのです。

【季節の星座】

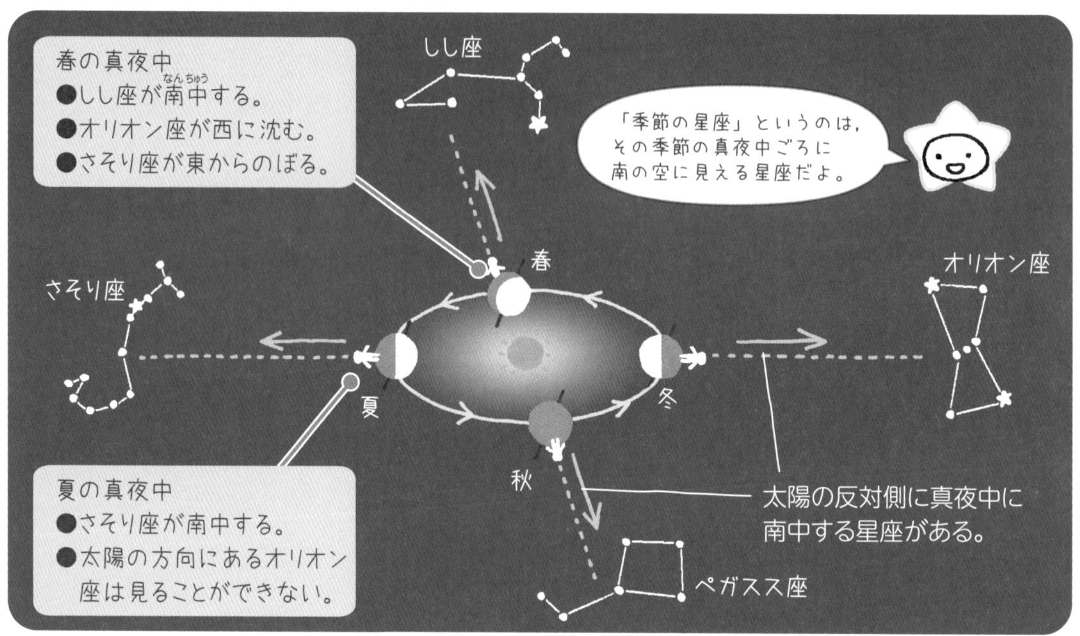

地球から見ると，地球が公転するにつれて太陽は天球上の星座の間を動いていくように見えます。この太陽の通り道を**黄道**(こうどう)といいます。

【黄道】

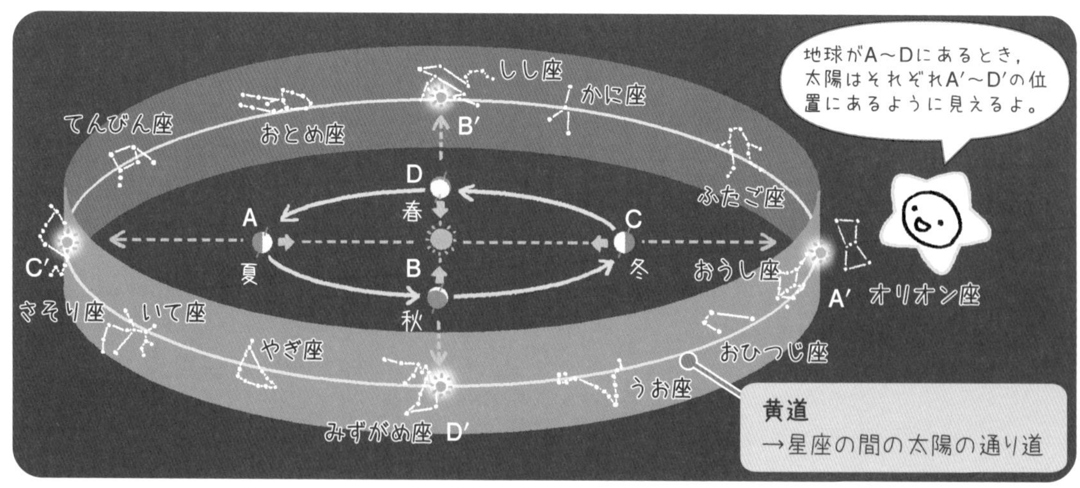

基本練習

答えは別冊12ページ

1 次の問いに答えましょう。

(1) 季節により見える星座が変わる原因となる地球の動きを何といいますか。

〔　　　　　　　　〕

(2) オリオン座を見ることができないのは，夏，冬のどちらですか。

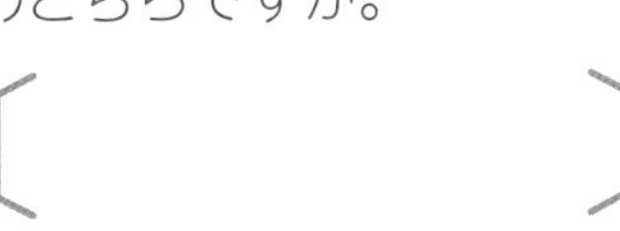

〔　　　　　　　　〕

(3) 天球上で星座の間を動く太陽の通り道を何といいますか。

〔　　　　　　　　〕

2 右の図は，地球の公転と季節の星座の関係を表した図です。次の問いに答えましょう。

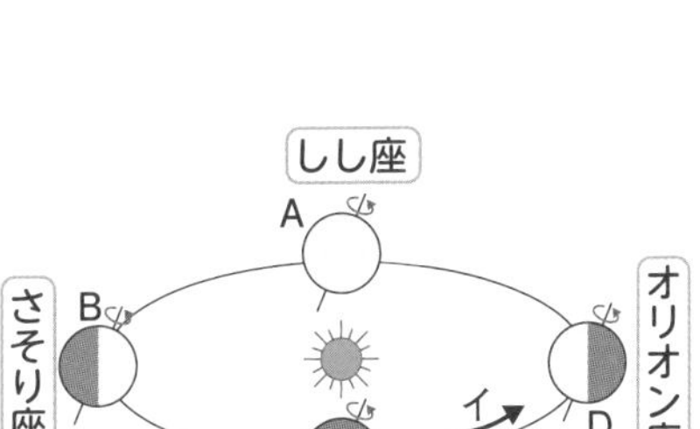

(1) 地球の公転の向きはア，イのどちらですか。 〔　　　　　　〕

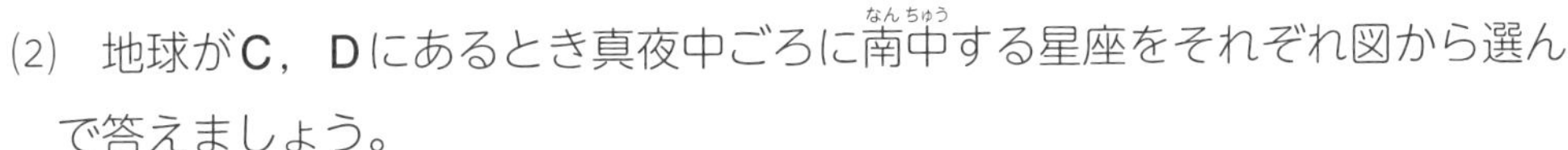

(2) 地球がC，Dにあるとき真夜中ごろに南中(なんちゅう)する星座をそれぞれ図から選んで答えましょう。

C〔　　　　　　〕　D〔　　　　　　〕

(3) 地球がAの位置にあるとき，見ることができない星座はどれですか。図から選んで答えましょう。 〔　　　　　　〕

(4) 地球がAの位置にあるとき，東からのぼる星座はどれですか。図から選んで答えましょう。 〔　　　　　　〕

ミス注意　地球から見て，太陽と同じ方向にある星座は，昼間の空にあり，太陽の強い光のせいで見ることができないということに注意しよう。

40 季節と南中高度
夏が暑く，冬が寒いのはなぜ？

季節によって，昼の長さや太陽の南中高度にはちがいがあります。昼の長さは夏に長くなり，冬に短くなります。また，太陽の南中高度は夏に高くなり，冬に低くなります。

夏は昼の長さが長く，太陽の南中高度が高いために，気温が高くなるのです。

【季節による太陽の日周運動のちがい】

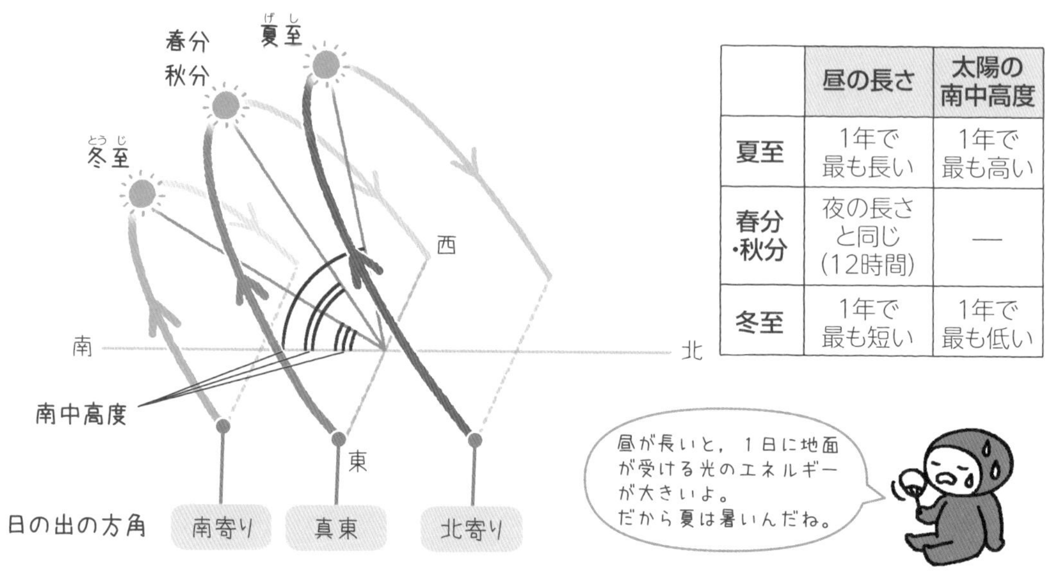

	昼の長さ	太陽の南中高度
夏至	1年で最も長い	1年で最も高い
春分・秋分	夜の長さと同じ（12時間）	—
冬至	1年で最も短い	1年で最も低い

太陽の南中高度が高いと，なぜ気温が高くなるのでしょうか。下の図は，夏と冬の地面に当たる太陽の光のようすを表しています。

太陽の南中高度が高いほど，同じ面積の地面に当たる光の量が多くなります。そのため，太陽の南中高度の高い夏の方が冬よりも地面が受ける光のエネルギーが大きくなり，気温が高くなるのです。

【南中高度と地面が受ける光の量のちがい】 北緯35°の地点の場合

●**冬至**…南中高度が最も低い。

●**夏至**…南中高度が最も高い。

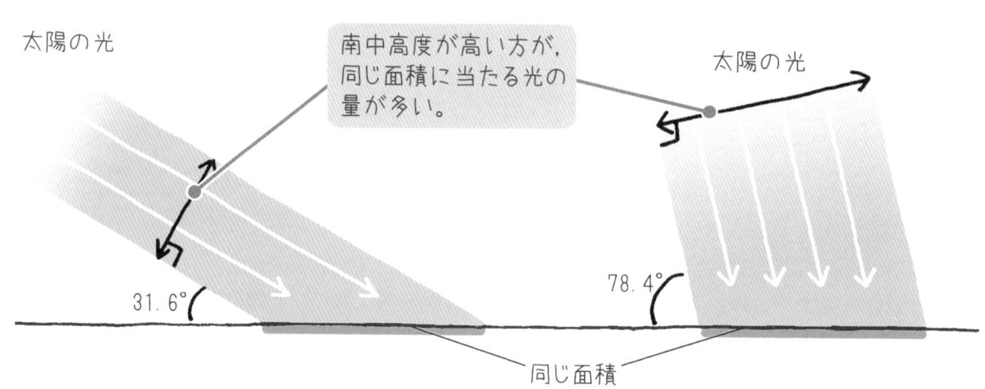

基本練習

答えは別冊12ページ

1 次の問いに答えましょう。

(1)　昼の長さが長くなると，気温は高くなりますか，低くなりますか。

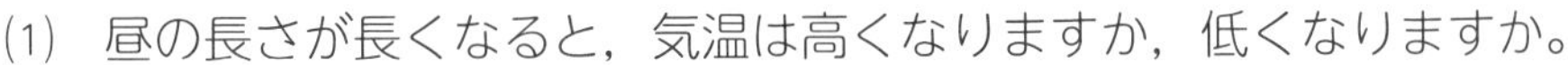

〔　　　　　　〕

(2)　太陽の南中高度が低くなると，気温は高くなりますか，低くなりますか。

〔　　　　　　〕

(3)　1年の中で，昼の長さと夜の長さが同じになる日を2つ答えましょう。

〔　　　　　　〕〔　　　　　　〕

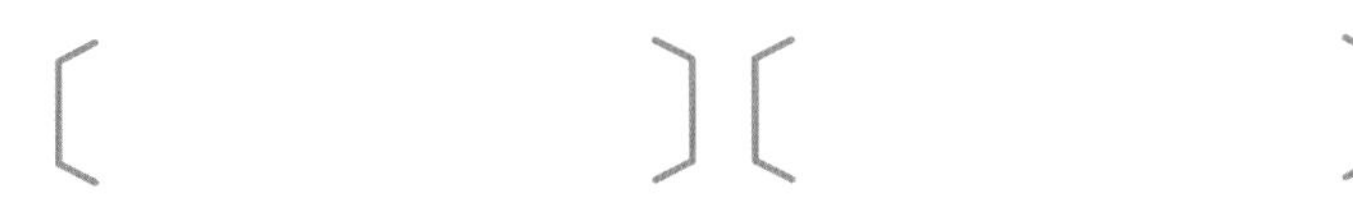

(4)　東京において，1年の中で南中高度が最も高くなる日を答えましょう。

〔　　　　　　〕

2 図は，夏至，春分，冬至の日の太陽の日周運動を示したものです。次の問いに答えましょう。

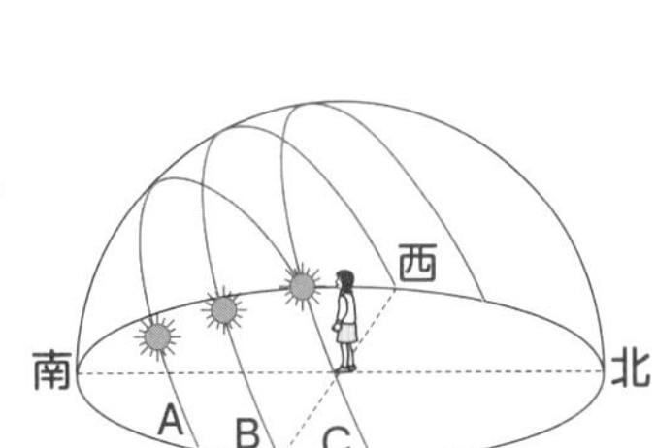

(1)　Aは，どの日の太陽の日周運動ですか。

〔　　　　　　〕

(2)　A～Cの中で，南中高度が最も高い日はどれですか。

〔　　　　　　〕

(3)　A～Cの中で，南中時に地面が受ける光のエネルギーが最も小さい日はどれですか。

〔　　　　　　〕

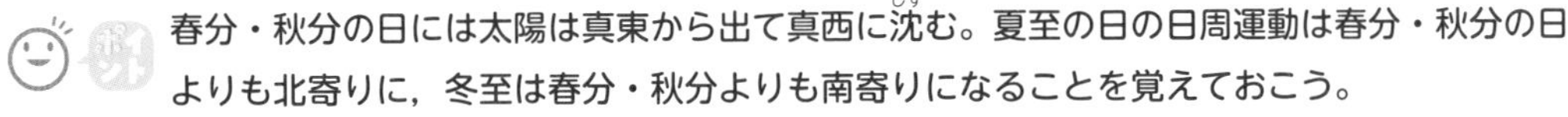

ポイント　春分・秋分の日には太陽は真東から出て真西に沈む。夏至の日の日周運動は春分・秋分の日よりも北寄りに，冬至は春分・秋分よりも南寄りになることを覚えておこう。

41 南中高度はどう変わるの？

南中高度の変化

昼の長さや太陽の南中高度が季節によって変化するのは，地球の地軸が公転面に垂直な方向に対して傾いているためです。地球は，公転面に垂直な方向に対して地軸を約**23.4°**傾けたまま，公転しています。

【地軸の傾きと季節の変化】

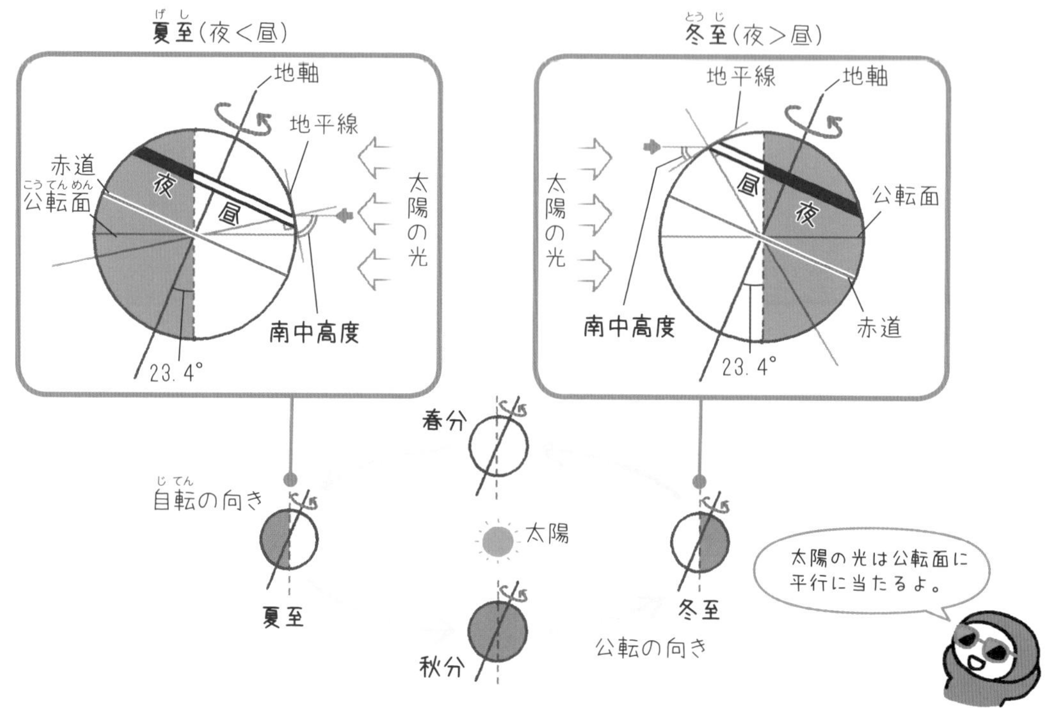

北緯35°の地点での夏至，春分・秋分，冬至の日の太陽の南中高度は，次のように求めることができます。

【太陽の南中高度の求め方】

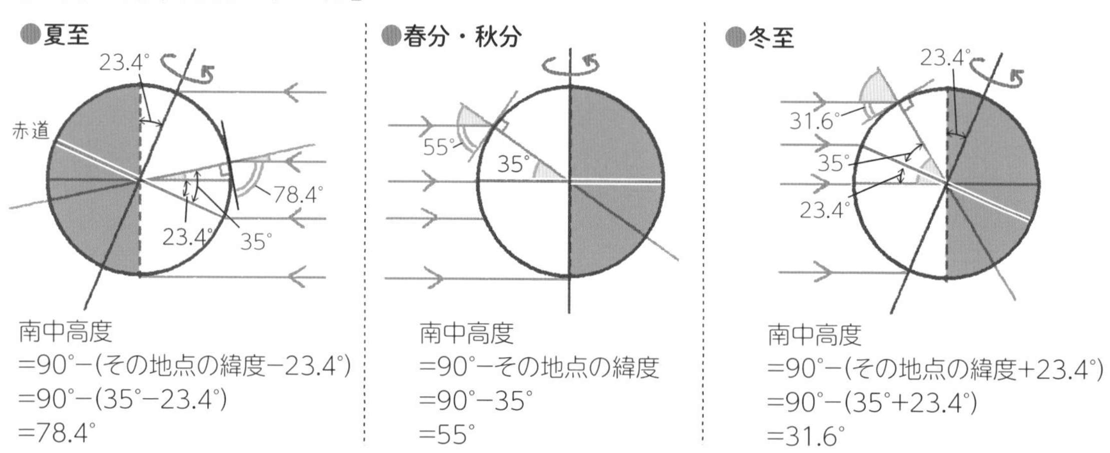

基本練習

答えは別冊13ページ

1 **〔　　〕にあてはまる語句や数値を答えましょう。**

季節によって南中高度や昼の長さが変化するのは，地球が

〔　　　　　〕を公転面に垂直な方向に対して23.4°傾けたまま，

〔　　　　　〕しているからである。

北緯35°の地点での夏至の日の南中高度は，

90° −(〔　　　　　〕° −〔　　　　　〕°)＝78.4°である。

2 **右の図は，夏至と冬至の地球への太陽の光の当たり方のちがいを表したものです。これについて，次の問いに答えましょう。**

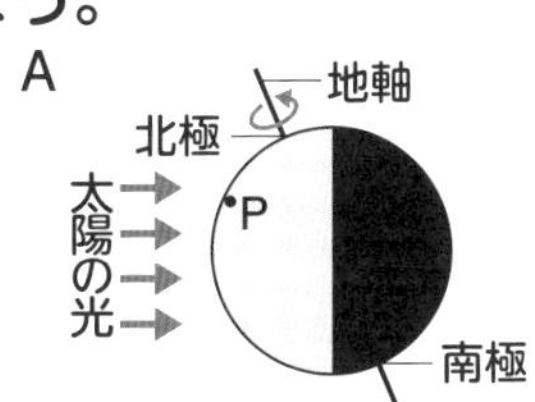

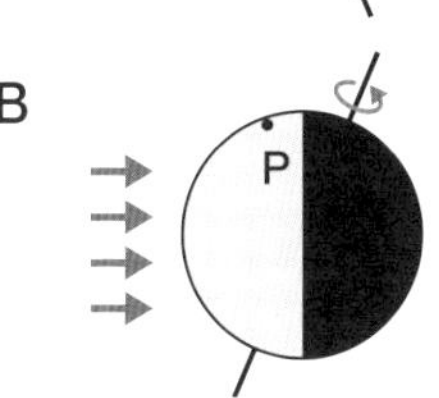

(1) 図のAは，夏至，冬至のどちらですか。

〔　　　　　〕

(2) P地点での太陽の南中高度が高いのは，AとBのどちらですか。

〔　　　　　〕

(3) P地点の緯度が北緯60°のとき，次の問いに答えましょう。

① Aの日のP地点での太陽の南中高度は何度ですか。〔　　　　　〕

② Bの日のP地点での太陽の南中高度は何度ですか。〔　　　　　〕

③ 春分の日のP地点での太陽の南中高度は何度ですか。

〔　　　　　〕

太陽の南中高度を求める式の図を理解するために，平行線の同位角(どうい)についてしっかり復習をしておこう。

復習テスト 6

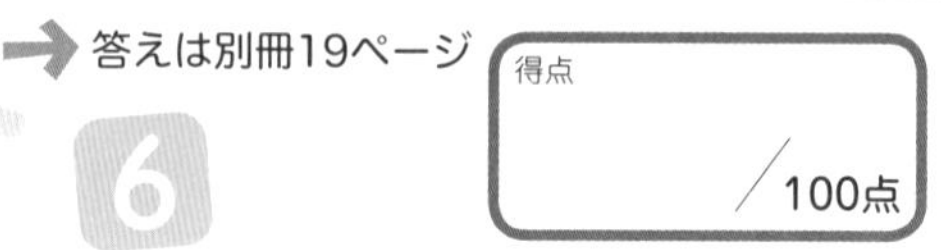

4章 地球と宇宙

1

右の図のように，日本のある地点で５月のある日に透明半球に１時間ごとに太陽の位置を点で記録しました。点をなめらかな曲線で結び，曲線を透明半球のふちまでのばし，その交点をP，Qとしました。また，曲線と子午線（天頂と南北を結ぶ線）との交点をRとしました。これについて，次の問いに答えましょう。

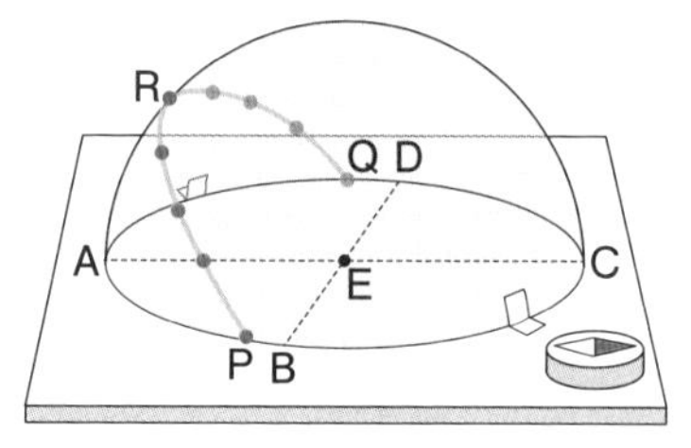

【各５点　計35点】

(1) 太陽の位置を記録するときに，油性ペンの影の先をA～Eのどの点に合わせますか。 [　　　　]

(2) 図のなめらかな曲線で示されるような太陽の１日の動きを，太陽の何といいますか。 [　　　　]

(3) (2)の原因となる地球の動きを何といいますか。 [　　　　]

(4) １時間ごとに記録した点の間隔は一定ですか，変化していますか。 [　　　　]

(5) 日の出の位置はP，Qのどちらですか。 [　　　　]

(6) この日の太陽の南中高度を，∠ABCのように表しましょう。 [　　　　]

(7) 10日後に南中高度は，どのように変化していますか。 [　　　　]

2

右の図は，星Pを中心にして回転する，ある日のカシオペヤ座の動きを示したものです。これについて，次の問いに答えましょう。

【各５点　計15点】

(1) 星Pの名前を書きましょう。 [　　　　]

(2) AとBで早い時刻の記録はどちらですか。 [　　　　]

(3) AとBでは，観測した時刻は何時間ちがいますか。 [　　　　]

3 右の図は，12月15日，１月15日，２月15日の22時にオリオン座の位置を記録したものです。これについて，次の問いに答えましょう。【各6点　計18点】

(1)　Pの方位は，東・西・南・北のどれですか。

［　　　　　　　　］

(2)　12月15日の記録はA，Bのどちらですか。

［　　　　　　　　］

(3)　１月15日にオリオン座がAの位置に見えるのは，何時ですか。

［　　　　　　　　］

4 図１は，春分，夏至（げし），秋分，冬至（とうじ）の日の公転（こうてん）する地球の位置と，季節の代表的な星座を示したものです。観測地点を北緯（ほくい）35°の地点としたとき，次の問いに答えましょう。【各4点　計32点】

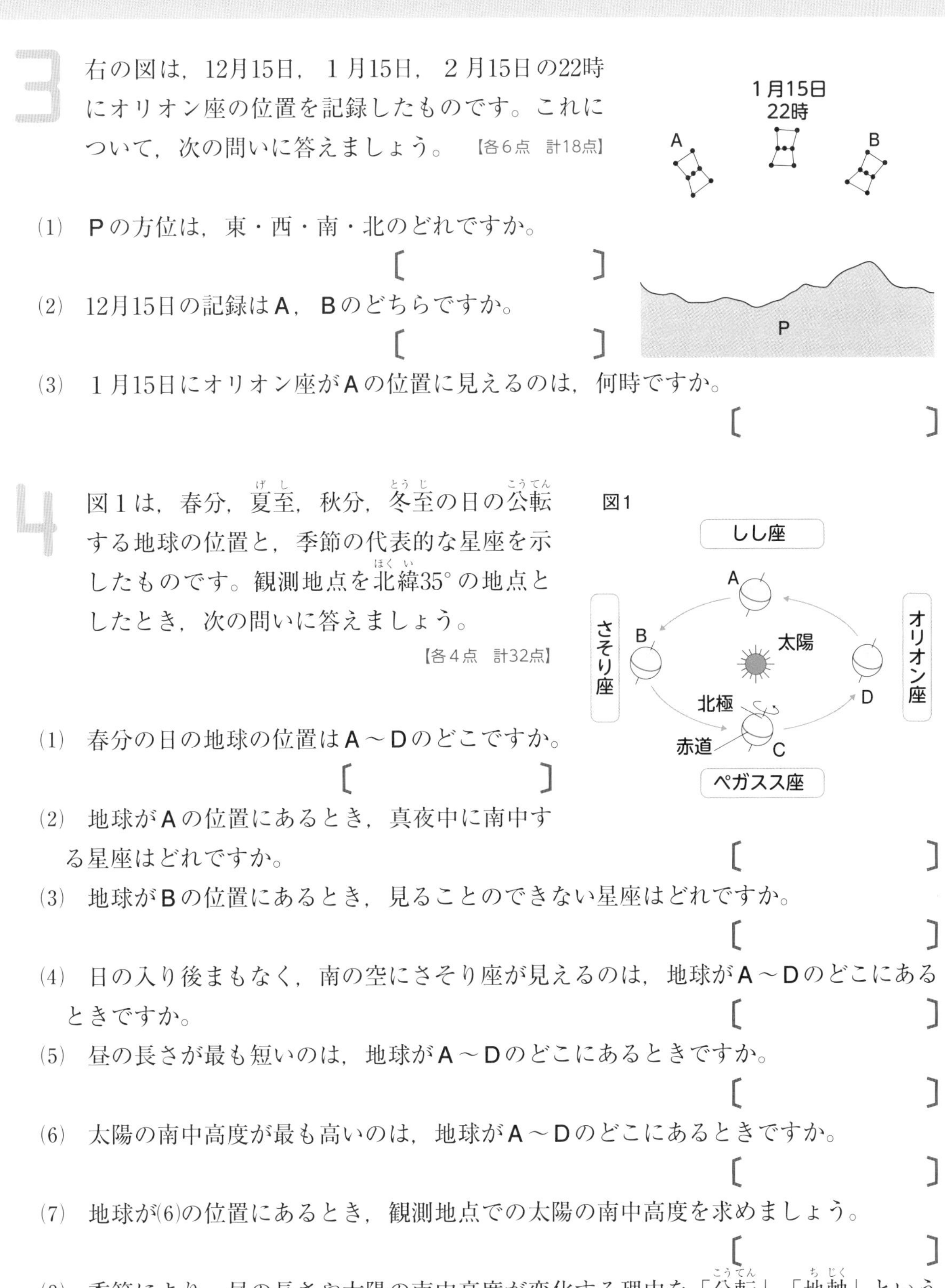

(1)　春分の日の地球の位置はA～Dのどこですか。

［　　　　　　　　］

(2)　地球がAの位置にあるとき，真夜中に南中する星座はどれですか。

［　　　　　　　　］

(3)　地球がBの位置にあるとき，見ることのできない星座はどれですか。

［　　　　　　　　］

(4)　日の入り後まもなく，南の空にさそり座が見えるのは，地球がA～Dのどこにあるときですか。

［　　　　　　　　］

(5)　昼の長さが最も短いのは，地球がA～Dのどこにあるときですか。

［　　　　　　　　］

(6)　太陽の南中高度が最も高いのは，地球がA～Dのどこにあるときですか。

［　　　　　　　　］

(7)　地球が(6)の位置にあるとき，観測地点での太陽の南中高度を求めましょう。

［　　　　　　　　］

(8)　季節により，昼の長さや太陽の南中高度が変化する理由を「公転（こうてん）」，「地軸（ちじく）」ということばを用いて書きましょう。

［　　　　　　　　　　　　　　　　　　　　　　　　］

42 月の満ち欠けが起こるのはなぜ？

月の満ち欠け

毎日同じ時刻に月を観察すると，月の見える位置が西から東に移動し，形が変わっていくように見えます。月の見かけの形が変化することを**月の満ち欠け**といいます。

【月の満ち欠け】

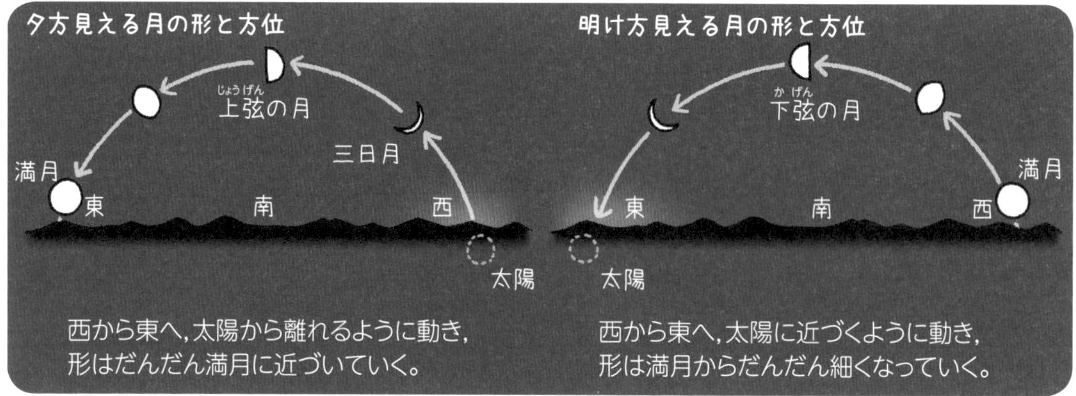

北極側から見ると，月は地球のまわりを反時計回りに約1か月に１回転しています。これを月の**公転**といいます。月が満ち欠けをするのは，月の公転によって，月・地球・太陽の位置関係が変わり，月の太陽の光を反射して光って見える部分が変化するからです。月の形は新月→三日月→上弦の月→満月→下弦の月→新月と変わります。

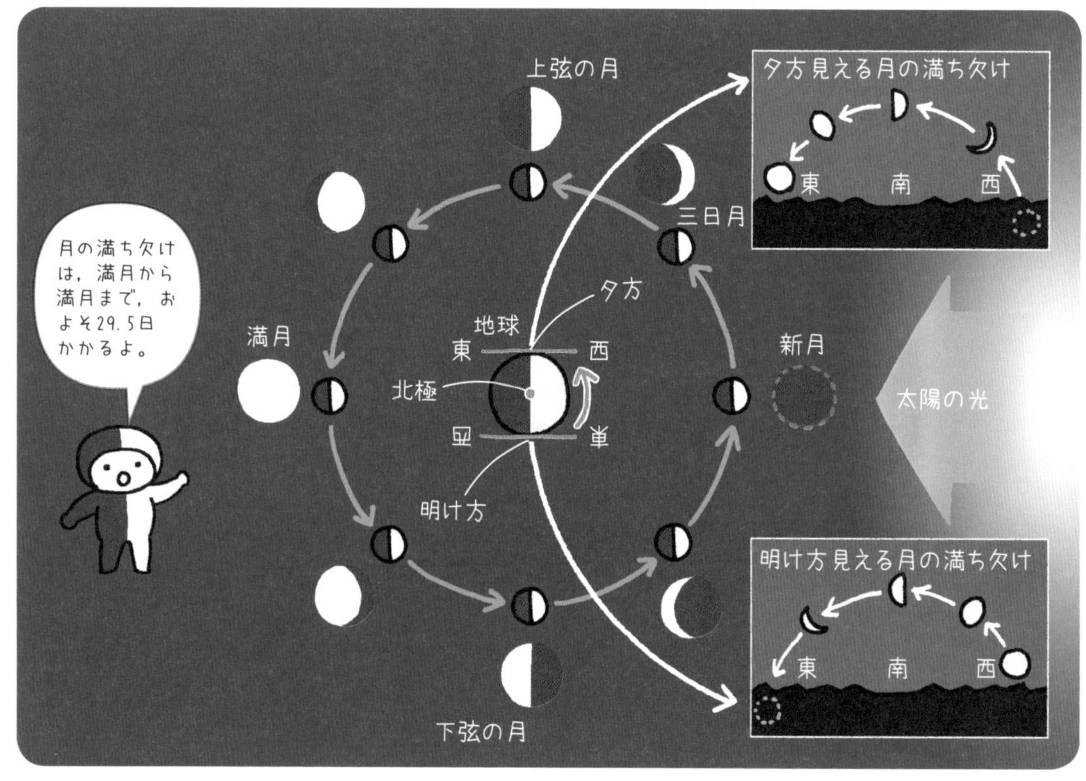

基本練習

答えは別冊13ページ

1 次の問いに答えましょう。

(1) 月の見かけの形が変化することを，月の何といいますか。

〔　　　　　　　　〕

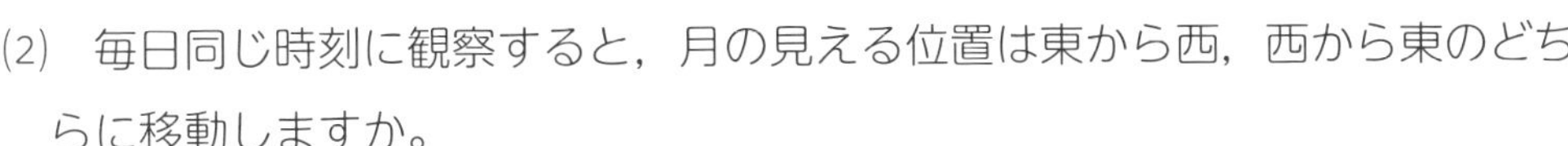

(2) 毎日同じ時刻に観察すると，月の見える位置は東から西，西から東のどちらに移動しますか。

〔　　　　　　　　〕

(3) 月が地球のまわりを回っていることを月の何といいますか。

〔　　　　　　　　〕

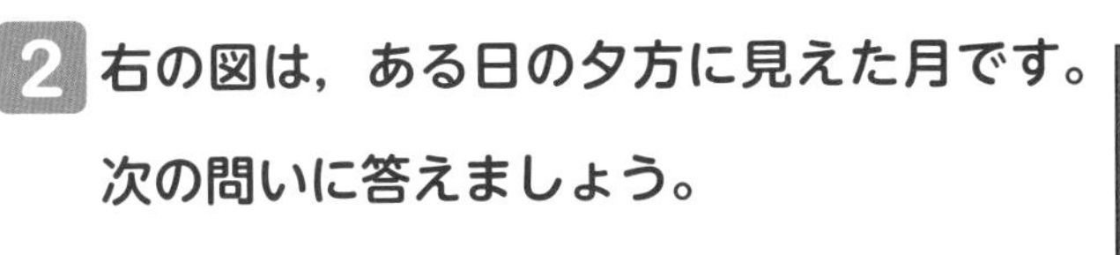

2 右の図は，ある日の夕方に見えた月です。次の問いに答えましょう。

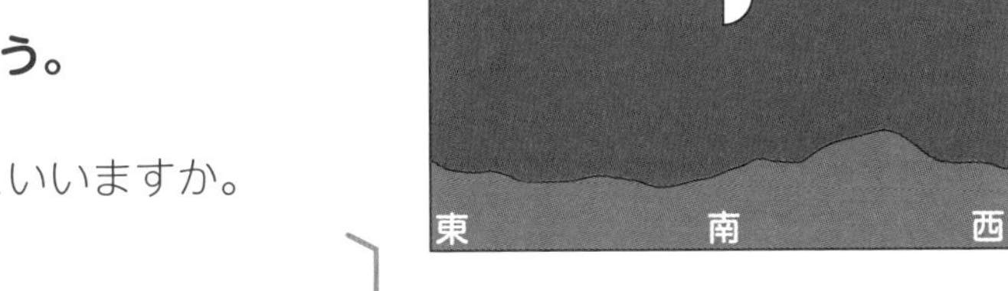

(1) 図の形の半月を何といいますか。

〔　　　　　　　　〕

(2) この日の真夜中に，月はおよそどの方位に見えますか。

〔　　　　　　　　〕

(3) この日からおよそ１週間後には，何とよばれる月が見られますか。

〔　　　　　　　　〕

(4) 月の満ち欠けは，月の何という運動によるものですか。

〔　　　　　　　　〕

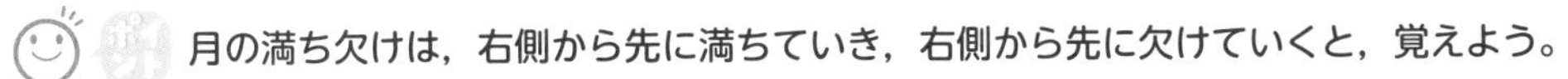

ポイント 月の満ち欠けは，右側から先に満ちていき，右側から先に欠けていくと，覚えよう。

43 日食と月食のしくみ

日食・月食

日食(にっしょく)は，太陽，月，地球の順に一直線に並び，太陽が月にかくされる現象です。太陽全体がかくされる場合を**皆既日食**(かいきにっしょく)，一部がかくされる場合を**部分日食**(ぶぶんにっしょく)とよびます。日食が起こるのは，必ず新月のときです。

【日食が起こるしくみ】

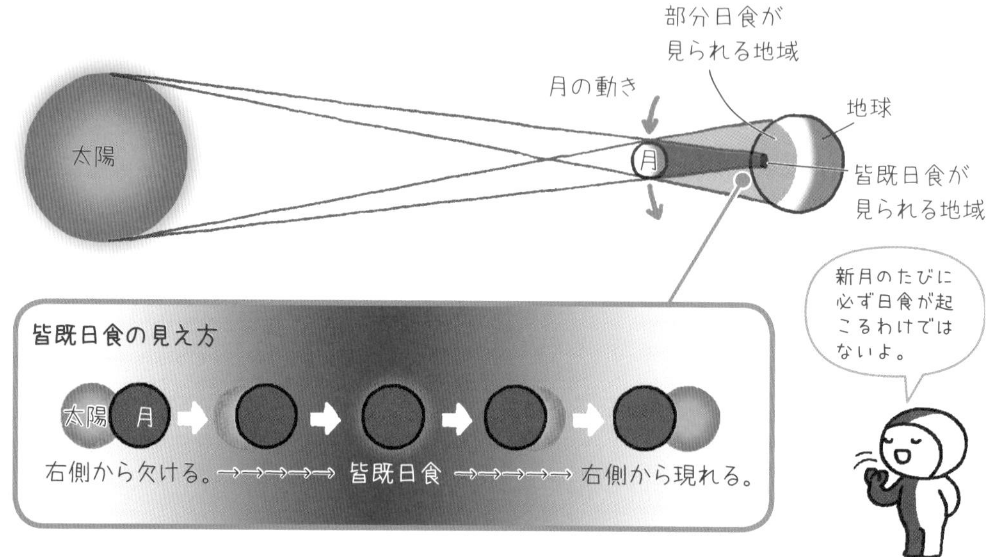

月食(げっしょく)は，太陽，地球，月の順に一直線に並び，月が地球の影(かげ)に入ってかくされる現象です。月全体がかくされる場合を**皆既月食**(かいきげっしょく)，一部がかくされる場合を**部分月食**(ぶぶんげっしょく)といいます。月食が起こるのは，必ず満月のときです。

【月食が起こるしくみ】

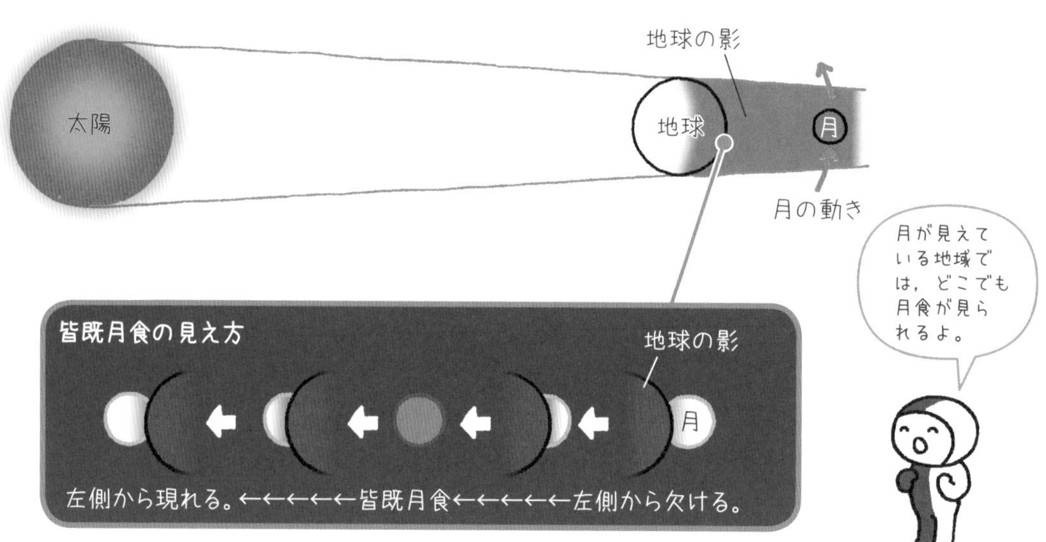

基本練習

答えは別冊13ページ

1 **右の図は，太陽と地球，月の位置関係を示したものです。次の問いに答えましょう。**

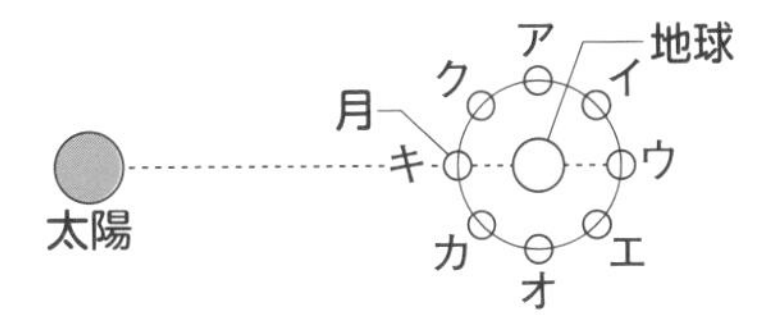

(1)　太陽が月にかくされる現象を何といいますか。　〔　　　　〕

(2)　(1)が観察されるときの月の位置は，**ア**～**ク**のどこですか。また，そのときの月を何とよびますか。

月の位置〔　　　　〕　月の名前〔　　　　〕

(3)　月が地球の影に入ってかくされる現象を何といいますか。

〔　　　　〕

(4)　(3)が観察されるときの月の位置は，**ア**～**ク**のどこですか。また，そのときの月を何とよびますか。

月の位置〔　　　　〕　月の名前〔　　　　〕

ポイント　**日食や月食が起こるしくみを図で理解し，それぞれのときの太陽，地球，月の並び順が頭に浮かぶようにしよう。**

もっとくわしく

皆既日食が起こるのはなぜ？

太陽の直径は月の直径の約400倍，太陽から地球までの距離は月から地球までの距離の約400倍なので，地球では太陽と月がほぼ同じ大きさに見えます。だから，太陽と月がぴったり重なる皆既日食が起こるのです。

また，地球と月，地球と太陽の距離は厳密には一定ではないため，月よりも太陽が大きく見えるときは金環日食となることもあります。

皆既日食　金環日食

金星の見え方

44 金星が出没する時間と場所

太陽のように自ら光を放つ天体を**恒星**(こうせい)といいます。恒星のまわりを公転(こうてん)し，恒星からの光を反射して光る天体を**惑星**(わくせい)といいます。金星(きんせい)は，地球と同じく太陽の惑星の１つです。金星は，地球よりも内側を公転しているので，いつも太陽の近くに見え，真夜中に見えることはありません。

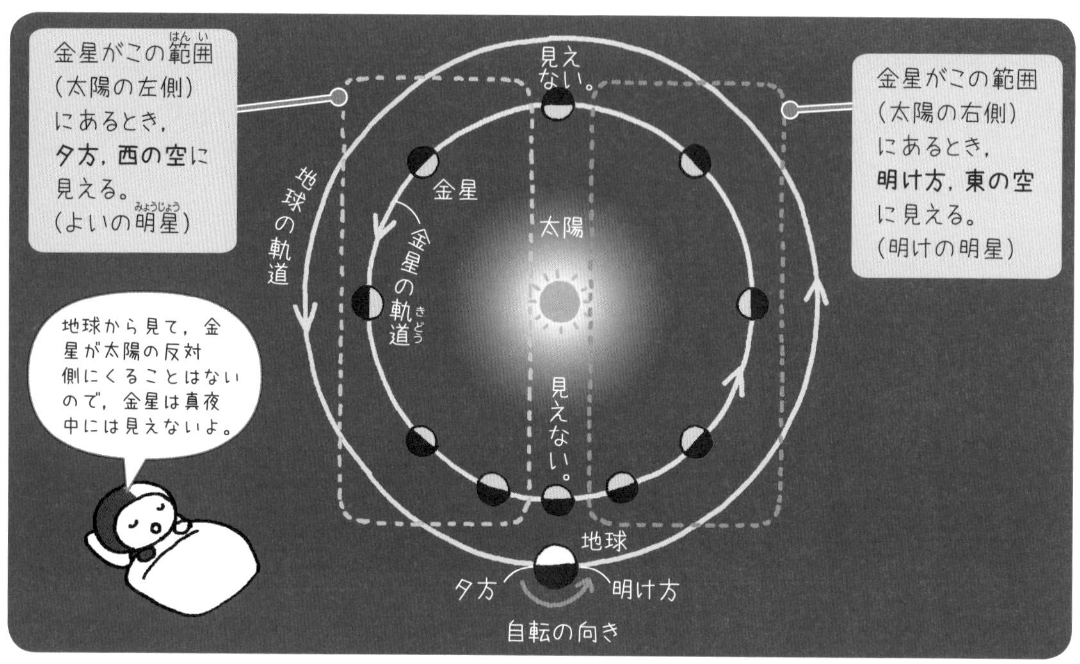

金星は大きさや形が変化して見えます。夕方，西の空にある金星は，地球に近づくにつれて大きくなり，欠け方も大きくなります。太陽と地球の間を通り過ぎるときは見えなくなり，やがて，明け方，東の空に見えるようになります。明け方，東の空にある金星は地球から遠ざかるにつれて小さくなり，欠け方も小さくなります。

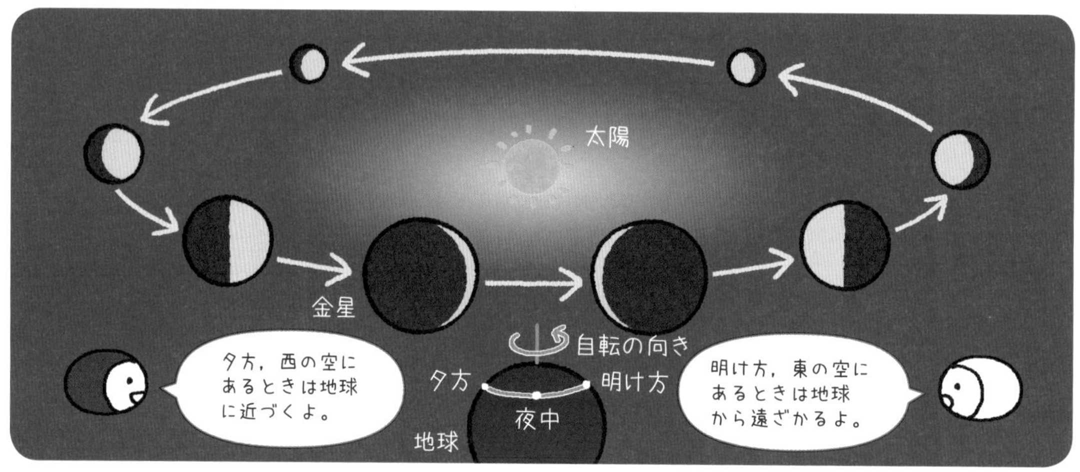

基本練習

答えは別冊13ページ

1 次の問いに答えましょう。

(1) 地球や金星のように，太陽のまわりを公転する天体を何といいますか。

(2) 金星が明け方に見えるときには，どの方位の空に見えますか。

(3) 明け方に見える金星は，日がたつにつれて見える大きさはどうなりますか。

(4) 明け方に見える金星は，日がたつにつれて欠け方はどうなりますか。

2 右の図のA～Dは，公転軌道（こうてんきどう）上のいろいろな位置にある金星を表しています。次の問いに答えましょう。

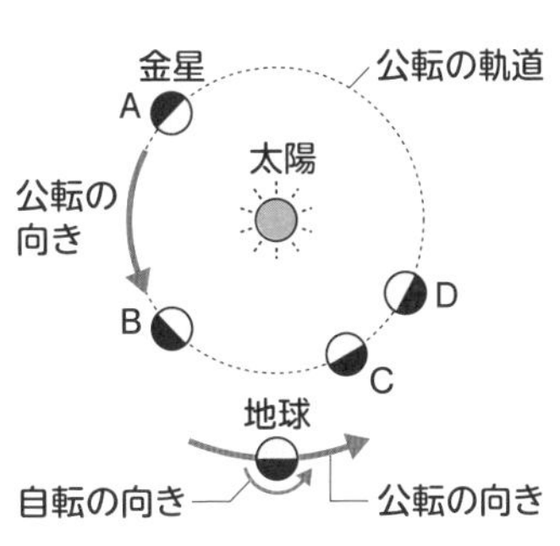

(1) 夕方に見えるのは，A～Dのどの位置にあるときですか。2つ答えましょう。

〔　　　　〕

(2) (1)のときに金星はどの方角に見えますか。

(3) A～Dのうち，金星が最も大きく見える位置はどこですか。

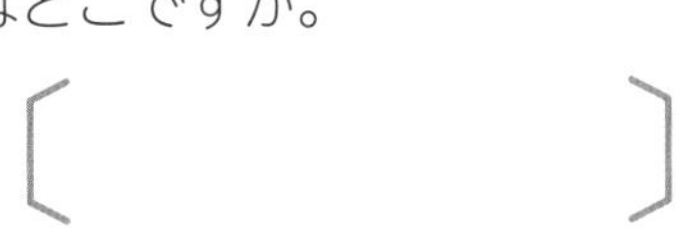

ミス注意　金星は，夕方は先に沈（しず）んだ太陽の光を反射して右側（西側）が，明け方はあとからのぼってくる太陽の光を反射して左側（東側）が光って見えることに注意しよう。

45 太陽と黒点 太陽ってどんな天体？

太陽は，自ら光を放つ**恒星**です。太陽の表面温度は約6000℃，中心部は約1600万℃で，あらゆる物質が気体の状態になっています。太陽の表面には**黒点**や**プロミネンス**が見られ，まわりには**コロナ**とよばれる高温のガスの層が広がっています。

黒点とは，まわりに比べて低温（約4000℃）で，黒く（暗く）見える部分です。黒点の位置は，少しずつ一方向に移動しています。

【黒点の移動】

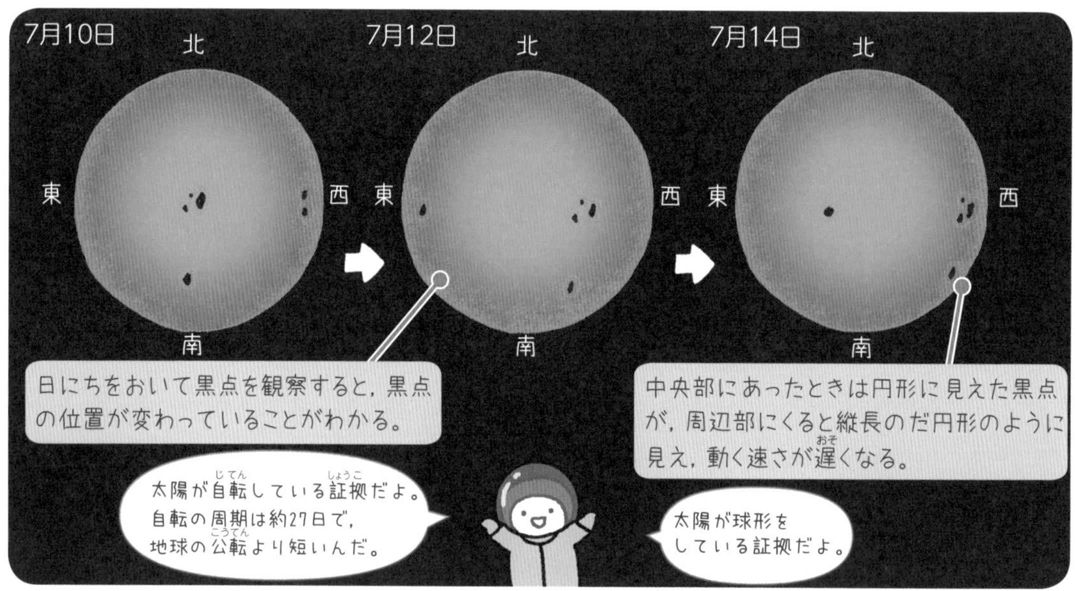

基本練習

答えは別冊14ページ

1 次の問いに答えましょう。

(1) 太陽のように，自ら光を放つ天体を何といいますか。

〔　　　　　　〕

(2) 太陽の表面からふき出す炎のようなガスの動きを何といいますか。

〔　　　　　　〕

(3) 皆既日食のときに見られる，太陽の外側に広がる約100万℃の高温の希薄なガスの層を何といいますか。

〔　　　　　　〕

2 右の図は，太陽の表面を観察したときのようすです。次の問いに答えましょう。

10月20日

A

10月21日

A

(1) 図のAの斑点を何といいますか。

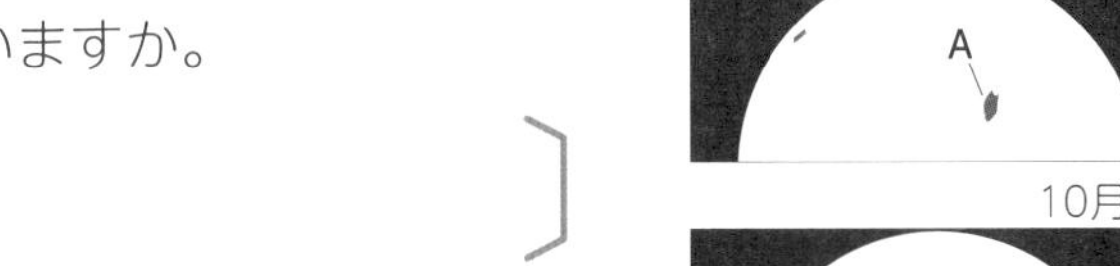

(2) Aはまわりより温度が低いですか，高いですか。

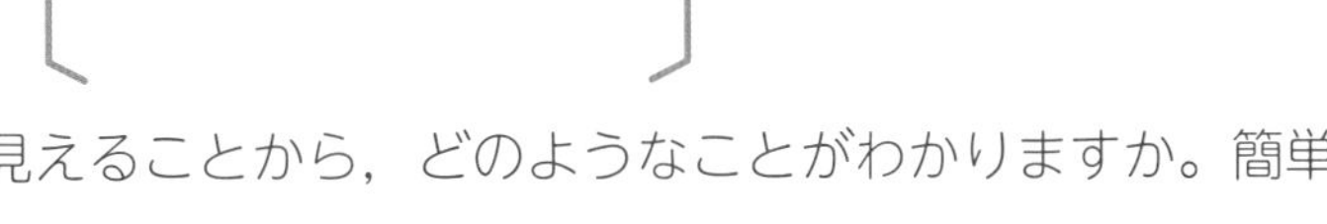

(3) Aの位置が動いて見えることから，どのようなことがわかりますか。簡単に答えましょう。

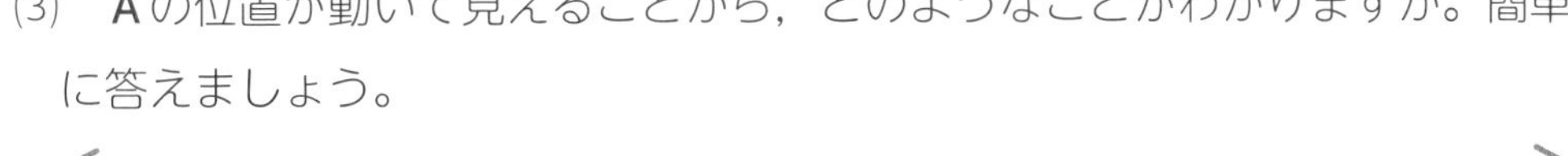

(4) 中央部では円形だった黒点が周辺部にくると縦長のだ円形に見えることから，どのようなことがわかりますか。次のア～ウから答えましょう。

ア　太陽は公転しているということ。

イ　太陽が非常に高温であること。

ウ　太陽が球形をしているということ。

ミス注意　天体望遠鏡と太陽投影板を使って黒点を観察する場合は，通常，像は上下左右が逆になるよ。

46 太陽系の惑星

太陽系

太陽には8個の**惑星**があり，ほぼ同じ平面上を同じ向きに公転しています。太陽と，太陽を中心に運動している天体の集まりを**太陽系**といいます。太陽系には，惑星のほかに，惑星のまわりを公転する**衛星**（月など），火星と木星の軌道の間に集まっている**小惑星**（リュウグウなど），細長いだ円軌道で公転し太陽に接近すると長い尾を引く**すい星**，海王星の外側にある**太陽系外縁天体**（冥王星など）があります。

太陽系の惑星は，小型で質量が小さいが主に岩石からなり密度が大きい**地球型惑星**と，大型で質量が大きいが主に気体からなり密度が小さい**木星型惑星**に分けられます。地球の内側を公転する**内惑星**と，地球の外側を公転する**外惑星**とに分けることもあります。

地球型惑星		木星型惑星	
水星	・太陽の最も近くを公転する。 ・最も小さい。 ・昼と夜の温度差が非常に大きい。	**木星**	・最も大きい。　・環をもつ。 ・高速で自転し，表面には大赤斑とよばれる渦がある。
金星	・二酸化炭素からなる厚い大気がある。 ・表面温度が高温(460℃)になる。	**土星**	・2番目に大きい。・密度が最も小さい。 ・巨大な環をもつ。
地球	・表面に大量の液体の水があり，生命が存在する。	**天王星**	・自転軸が大きく傾き，ほぼ横倒しになっている。
火星	・酸化鉄をふくむ赤褐色の岩石や砂でおおわれ，赤色に見える。 ・二酸化炭素からなるうすい大気がある。	**海王星**	・大気にメタンを多くふくむため，青く見える。

基本練習

答えは別冊14ページ

1 次の問いに答えましょう。

(1) 太陽と，太陽を中心に公転している天体の集まりを何といいますか。

〔　　　　〕

(2) (1)の中で，惑星のまわりを公転している天体を何といいますか。

〔　　　　〕

(3) (1)の中で，小型で密度が大きいという特徴をもつ惑星を何といいますか。

〔　　　　〕

(4) (1)の中で，大型で密度が小さいという特徴をもつ惑星を何といいますか。

〔　　　　〕

(5) 細長いだ円軌道で公転し，太陽に接近すると，長い尾を引く天体を何といいますか。〔　　　　〕

2 それぞれの惑星にあてはまる説明をア～オから選びましょう。

ア　直径が最大の惑星　　　イ　生命が存在している惑星
ウ　巨大な環をもつことで有名な惑星　　　エ　地球から赤く見える惑星
オ　太陽の最も近くを公転する惑星

地球〔　　　　〕　水星〔　　　　〕
火星〔　　　　〕　木星〔　　　　〕
土星〔　　　　〕

惑星の名前は太陽に近い方から順に，水（すい）・金（きん）・地（ち）・火（か）・木（もく）・土（ど）・天（てん）・海（かい）と覚えよう。

47 銀河系
太陽系の外側には何がある?

太陽系は，約2000億個の恒星からなる集団である**銀河系**に属しています。

銀河系は，直径が約10万光年あり，上から見ると渦を巻き，横から見ると凸レンズのような円盤状の形をしています。太陽系は，銀河系の中心から約3万光年の位置にあります。

【銀河系の模式図】

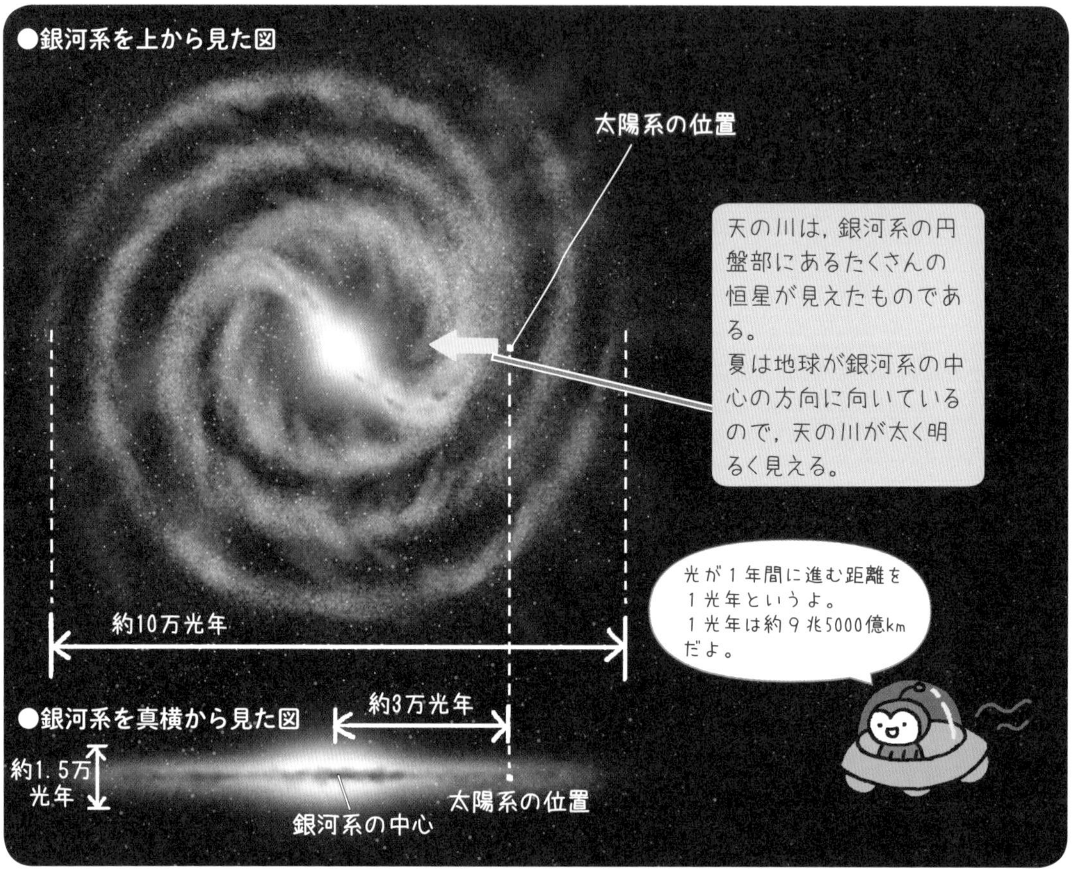

●銀河系を上から見た図

太陽系の位置

天の川は，銀河系の円盤部にあるたくさんの恒星が見えたものである。
夏は地球が銀河系の中心の方向に向いているので，天の川が太く明るく見える。

約10万光年

光が1年間に進む距離を1光年というよ。
1光年は約9兆5000億kmだよ。

●銀河系を真横から見た図

約3万光年

約1.5万光年

銀河系の中心

太陽系の位置

宇宙には，銀河系のような数億～数千億個の恒星の集団が無数にあり，この集団を**銀河**といいます。銀河は，渦巻状やだ円形などさまざまな形をしていて，**銀河団**とよばれる集団をつくっています。

【銀河団】

基本練習

答えは別冊14ページ

1 次の問いに答えましょう。

(1) 恒星が数億個から数千億個集まった集団を何といいますか。

〔　　　　〕

(2) 太陽系が属する(1)を，特に何といいますか。〔　　　　〕

(3) (1)がたくさん集まった集団を何といいますか。〔　　　　〕

2 右の図は，銀河系を真横から見た想像図です。次の問いに答えましょう。

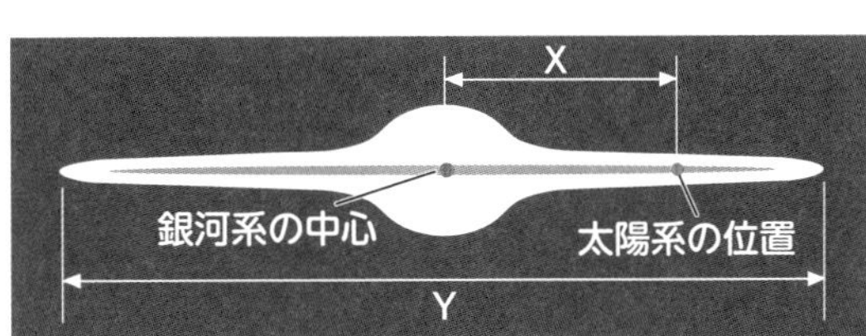

(1) 銀河系の中心から太陽系までの距離X，銀河系の直径Yとして正しいものはどれですか。それぞれア～エから選びましょう。

ア　約1万光年　　イ　約3万光年
ウ　約10万光年　　エ　約100万光年

中心から太陽系までの距離X〔　　　　〕

銀河系の直径Y〔　　　　〕

(2) 地球からは，銀河系内の恒星が集まった部分が白い帯のように見えます。これを何といいますか。〔　　　　〕

(3) (2)が明るく太く見えるのは，夏ですか，冬ですか。〔　　　　〕

ミス注意　銀河系の直径や，銀河系の中心から太陽系までの距離はkmではなく，光年という単位を使うことに注意しよう。

4章 地球と宇宙

1

右の図は，地球のまわりを公転(こうてん)する月と地球，太陽の位置関係を示したものです。次の問いに答えましょう。

【各4点　計28点】

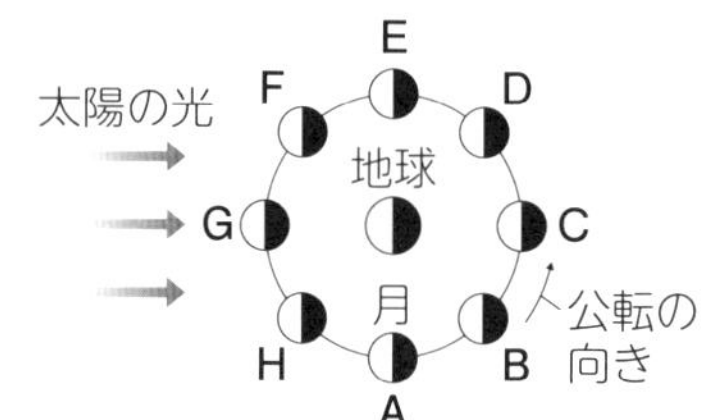

(1) 月のように惑星のまわりを公転している天体を何といいますか。 [　　　　]

(2) 「月は東に日は西に」という俳句(はいく)によまれた光景のときの月は，図のA～Hのどの位置にありますか。

[　　　　]

(3) 月が図のHの位置にあるときに，見られる形の月を何とよびますか。

[　　　　]

(4) 右半分が輝(かがや)いている半月について，適するものを ○ で囲みましょう。

月は図の[A ・ E]の位置にあり，[明け方 ・ 夕方]ごろ南中(なんちゅう)する。

(5) 日食(にっしょく)が観察されるとき，月は図のA～Hのどの位置にありますか。また，そのときの月を何とよびますか。　位置[　　　　]　月の名前[　　　　]

2

ある日，太陽，金星，地球の位置関係が右の図のようになりました。次の問いに答えましょう。

【各2点　計12点】

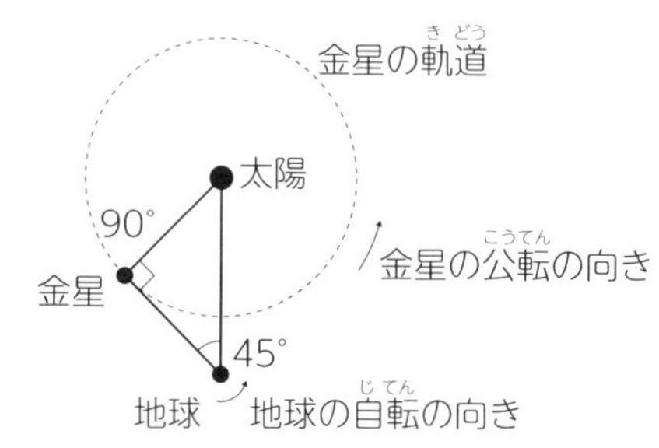

(1) 図のときに，金星は1日のうちの①いつごろ，②どの方角の空に見えますか。

① [　　　　]　② [　　　　]

(2) 図のときに見える金星の形は，ア～エのどれですか。

ア　イ　ウ　エ

[　　　　]

(3) 図の金星は日がたつにつれて，欠け方や大きさはどうなりますか。

欠け方 [　　　　]　大きさ [　　　　]

(4) 金星が真夜中に見えない理由を書きましょう。

[　　　　]

3

右の図は，10月10日から14日までの太陽の黒点の動きを観察した記録です。次の問いに答えましょう。【各4点　計28点】

10月10日
10月12日
10月14日

(1) 太陽のように，自ら光を放っている天体を何といいますか。
[　　　　　]

(2) 次の①〜③の太陽の各部分の温度を次から選びなさい。

ア 約4000℃　イ 約6000℃　ウ 約10000℃　エ 約1600万℃

① 表面の温度 [　　　]　② 黒点(こくてん)の温度 [　　　]

③ 中心部の温度 [　　　]

(3) 黒点が移動することからわかる，太陽の動きを何といいますか。
[　　　　　]

(4) 10日と14日では14日の方が，黒点の形が縦長になって見えました。このことから，太陽はどのような形であることがわかりますか。 [　　　　　]

(5) 太陽の外側に広がる約100万℃の高温のガスを何といいますか。
[　　　　　]

4

右の図は，太陽系(たいようけい)の８つの惑星(わくせい)を表したものです。次の問いに答えましょう。【各4点　計32点】

(1) 次の①〜③の説明にあてはまる惑星を，図のA〜Hから選びなさい。

① 自転軸(じく)が，公転面に一致(いっち)するほど傾(かたむ)いている。 [　　　]

② 「明星(みょうじょう)」とよばれ，二酸化炭素の厚い大気におおわれている。 [　　　]

③ 酸化鉄を多くふくむ岩石におおわれているため，赤く見える。 [　　　]

(2) 地球型惑星(ちきゅうがたわくせい)は木星型惑星(もくせいがたわくせい)に比べて「質量」と「密度」にどのような特徴(とくちょう)があるか，簡単に説明しましょう。

[　　　　　　　　　　　　　　　　]

(3) 図のA〜Hから木星型惑星をすべて選びましょう。 [　　　　　]

(4) 海王星の外側を公転する太陽系の天体を何といいますか。 [　　　　　]

(5) 太陽系が属する約2000億個の恒星(こうせい)の集団を何といいますか。 [　　　　　]

(6) イトカワやリュウグウなど，多くが火星と木星の軌道(きどう)の間にある，不規則な形をした小さな天体を何といいますか。 [　　　　　]

48 人間と環境 自然環境は変化している！

近年，地球の平均気温が上昇する**地球温暖化**が問題になっています。この原因の１つと考えられているのが，石油や石炭などの化石燃料の大量消費による大気中の二酸化炭素の増加です。

〔地球温暖化〕

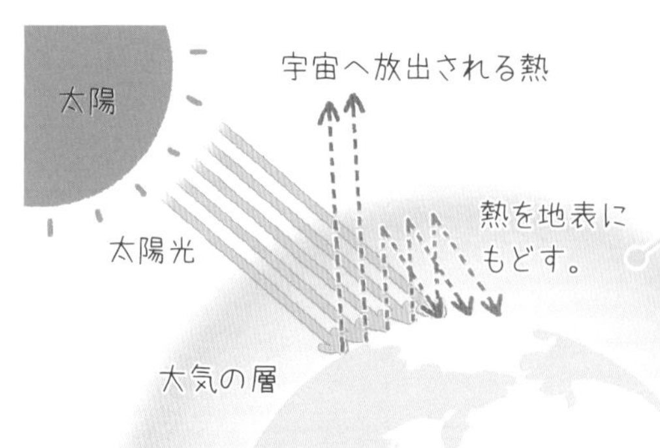

温室効果ガス
大気中の水蒸気，二酸化炭素，メタンなどの気体のこと。地球から宇宙へ放射される熱の一部を地表へもどすはたらき(温室効果)がある。

そのほかにも，人間の活動はさまざまな自然環境に影響を与えています。人間と環境は，深くかかわり合っているのです。

〔オゾンホール〕

フロン類という物質によって上空にあるオゾン層のオゾンが分解され，オゾンホールが出現する。

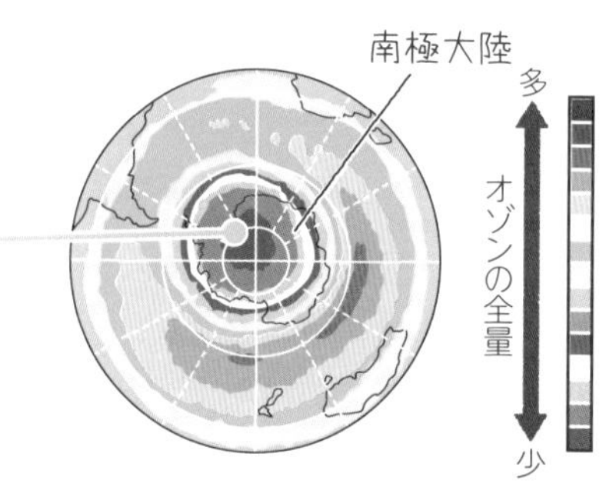

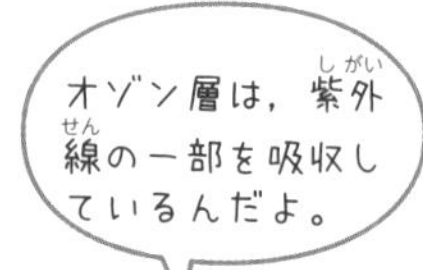

〔大気汚染〕

化石燃料の燃焼で発生する窒素酸化物や硫黄酸化物などが原因で起こる。これらの物質が雨にとけこむと**酸性雨**となる。

〔水質汚濁〕

赤潮

アオコ

生活排水などが海や湖に大量に流れこむと植物プランクトンが大発生し，赤潮やアオコとよばれる現象が起こる。

基本練習

答えは別冊14ページ

1 次の問いに答えましょう。

(1) 地球の平均気温が上昇する現象を何といいますか。

〔　　　　　〕

(2) (1)の原因と考えられている，地球から宇宙へ放射される熱の一部を地表にもどすはたらきのある気体を何といいますか。〔　　　　　〕

(3) 上空にあり，太陽からの有害な紫外線の一部を吸収している層を何といいますか。〔　　　　　〕

(4) (3)が破壊される原因として正しいものは次のうちどれですか。

〔　　　　　〕

ア　フロン類の大量使用　　イ　化石燃料の大量消費
ウ　海や湖への生活排水の流入　　エ　空気中の窒素酸化物や硫黄酸化物

(5) 窒素酸化物や硫黄酸化物などの物質がとけこんだ雨を何といいますか。

〔　　　　　〕

人間の活動によって自然環境が地球規模で変化することがあるということ，変化した環境をもとにもどすには長い年月がかかるということを理解しよう。

もっとくわしく

外来生物(がいらいせいぶつ)

人間の活動によってほかの地域から移入されて，定着した生物を外来生物といいます。外来生物は，その地域の生態系(せいたいけい)のバランスをくずすことがあります。例えば沖縄本島(おきなわほんとう)や奄美大島(あまみおおしま)で毒ヘビ駆除(くじょ)のため移入されたマングースは希少種のヤンバルクイナやアマミノクロウサギを食べ，減少させてしまいました。

マングース　©ndp/PIXTA（ピクスタ）

49 自然災害から身をまもろう！

自然災害

日本列島は南北に長く，北の寒気団と南の暖気団の影響を受けて，台風や豪雨，竜巻，大雪など多様な気象現象が起こりやすく，さまざまな**気象災害**が発生します。

また，日本列島付近は４枚のプレートが集まり，地震や火山活動が活発なので，地震による災害や火山の噴火による災害も発生します。

【台風や豪雨による災害】

●強風による倒木

●堤防の決壊による洪水

【地震による災害】

●ゆれによる建物の被害

●津波による被害

【火山による災害】

●火山灰による作物の被害

●土石流による被害

火山の噴火後の土石流は，積もった火山灰などが雨に押し流されて起こるんだよ。

自然災害による被害を軽減するために，被災が想定される区域などを示した地図をハザードマップといいます。ハザードマップをもとに災害時の行動や連絡方法，避難場所などを確認しておくことが必要です。

そのほかにも，下のように日ごろから災害に備えておくことが大切です。

【災害への日ごろの備え】

備蓄品や持ち出し品を用意しておく。

家具を固定しておく。

家族で，避難場所，連絡方法，危険な場所など確認しておく。

防災訓練に参加する。

基本練習

答えは別冊15ページ

1 次の問いに答えましょう。

(1) 次の文の〔　　〕にあてはまることばを書きましょう。

日本列島は，〔　　　　　　〕に長いため，多様な気象現象が起こり，〔　　　　　　〕枚のプレートが集まるため，地震や火山活動が活発である。

(2) 海底を震源とする地震などによって波が発生し，大きな被害をもたらすことのある災害を何といいますか。〔　　　　　　〕

(3) 火山の噴火によって積もった火山灰などが雨に押し流されると，何という災害が起こりますか。〔　　　　　　〕

(4) 自然災害による被害を軽減するために，被災が想定される区域などを示した地図を何といいますか。〔　　　　　　〕

2 次の問いに答えましょう。

(1) 災害への日ごろの備えとして，まちがっているものはどれですか。

ア　災害時に集まれるように，家族で避難場所を決めておく。

イ　災害時の行動を確認するために，防災訓練に参加する。

ウ　災害時に持ち出すかもしれないので，家具は固定しない。

エ　災害時にすぐ避難できるように，備蓄品や持ち出し品を用意しておく。

〔　　　　　　〕

(2) 台風や豪雨により，どんな災害が起こると考えられますか。1つ答えましょう。〔　　　　　　〕

自分の地域で起こる可能性のある災害やその特徴を考え，日頃から備蓄品を用意し，災害時の行動や安全な避難方法を考えておくことが大切だよ。

50 エネルギー資源とその利用
エネルギーをどうやってつくる?

エネルギーは，わたしたちの生活に欠かせないものです。わたしたちは，生活の中でいろいろなエネルギーを変換(へんかん)しながら利用しています。日本では，電気エネルギーのほとんどが火力発電，水力発電，原子力発電でつくられています。

【火力発電】 石油や石炭，天然ガスなどを燃やして高温の水蒸気をつくり，発電機を回す。

石油など **化学エネルギー** →(ボイラー) **熱エネルギー** →(発電機) **電気エネルギー**

課題
- 石油や石炭などの**化石燃料**にはかぎりがある。
- 二酸化炭素を排出(はいしゅつ)する。

【水力発電】 ダムにためた水の位置(いち)エネルギーで，発電機を回す。

ダムの水 **位置エネルギー** →(発電機) **電気エネルギー**

課題
- ダムの建設により自然破壊が生じる。
- ダムの設置場所がかぎられ，新規に建設するのは困難である。

【原子力(げんし)発電】 ウラン原子が核分裂(かくぶんれつ)をするときの熱エネルギーを使って，高温の水蒸気をつくり，発電機を回す。

ウラン **核エネルギー** →(原子炉) **熱エネルギー** →(発電機) **電気エネルギー**

核分裂…原子核に，他の原子核からきた中性子が飛びこむことでその原子核がこわれること。

課題
- 原子炉(げんしろ)内の核(かく)燃料や使用ずみの核燃料から放射線(ほうしゃせん)が出る。
- 事故の影響(えいきょう)が広範囲(こうはんい)・長期間に及(およ)ぶ。
- 資源のウランにはかぎりがある。

水力，太陽光，風力，バイオマス，地熱(ちねつ)など，資源にかぎりがなく，環境(かんきょう)を汚(よご)す恐(おそ)れの少ないエネルギーを**再生可能(さいせいかのう)エネルギー**といいます。発電効率や立地条件などの課題がありますが，再生可能エネルギーを利用した発電がふえてきています。

【太陽光発電】

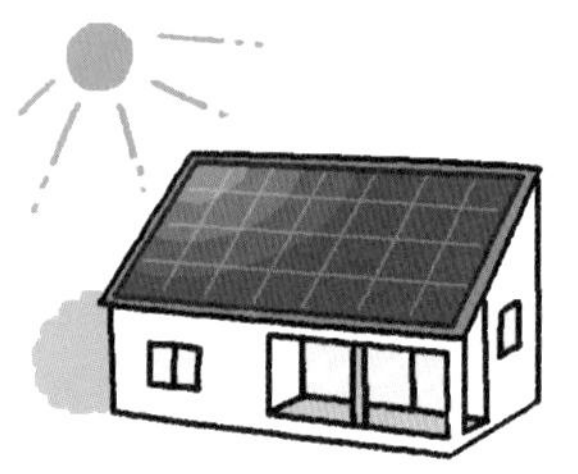

【風力発電】

【バイオマス発電】
生物有機資源（バイオマス）を燃やして行う発電。

- 間伐材(かんばつざい)
- 生ゴミ
- 動物の排泄物(はいせつぶつ)

など

基本練習

答えは別冊15ページ

1 次の問いに答えましょう。

(1) 原子の核分裂によるエネルギーを利用した発電を何といいますか。

〔　　　　　　　〕

(2) 石炭や石油，天然ガスなどの化石燃料を燃やし，そのときに発生する熱エネルギーを利用した発電方法を何といいますか。

〔　　　　　　　〕

(3) 水力，太陽光，風力，バイオマス，地熱などの，資源にかぎりがなく環境を汚す恐れの少ないエネルギーを何といいますか。

〔　　　　　　　〕

2 右下の図は，水力発電と原子力発電の発電方法を表しています。次の問いに答えましょう。

(1) A，Bにあてはまることばを答えましょう。

A〔　　　　　　　〕

B〔　　　　　　　〕

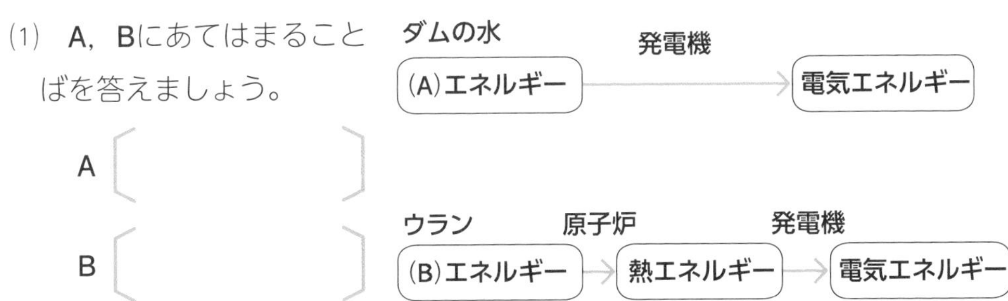

(2) 原子力発電の課題の1つである，原子炉内の核燃料や使用ずみの核燃料から出て，人の健康を害(がい)する恐れがあるものを何といいますか。

〔　　　　　　　〕

化石燃料は，地下に埋(う)もれた大昔の生物の遺骸(いがい)が変化したものなので，燃焼して二酸化炭素が発生すると，その分大気中の二酸化炭素が増加することに注意しよう。

51 放射線って身近にあるの？

放射線

放射線とは，高いエネルギーをもった粒子の流れや電磁波の一種のことです。

放射線を受けることを**被ばく**といい，被ばく量が多いと，細胞や遺伝子（DNA）が傷つくなど，健康被害が生じることもあります。

【放射線の種類】

放射線を出す原子核

陽子

中性子

α線…ヘリウムの原子核の流れ

β線…電子の流れ

中性子線…中性子の流れ

γ線…原子核から出た電磁波

X線…原子核の外から出た電磁波

放射線の性質

- 目に見えない。
- 物体を通りぬける性質（透過性）がある。
- 原子をイオンにする作用（電離作用）がある。

放射線には，自然界に存在する自然放射線と人工的につくられる人工放射線があります。

自然放射線には，宇宙からくる放射線や大地から出る放射線などがあります。人工放射線は，医療分野や工業分野など，さまざまな場面で利用されています。

【身近にある放射線の例】

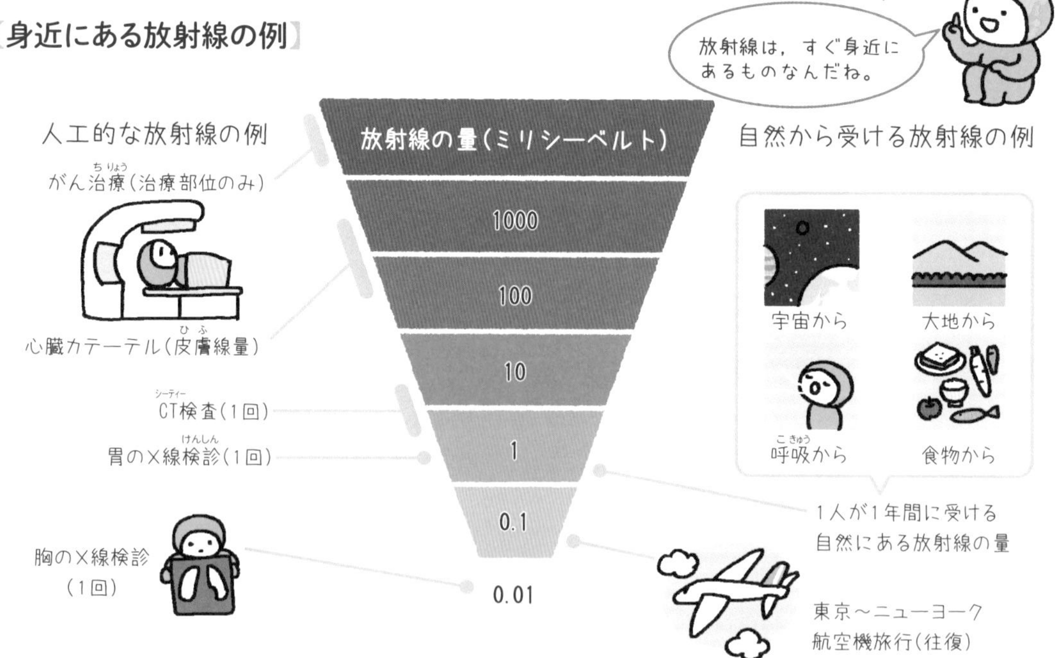

基本練習

答えは別冊15ページ

自然環境と人間

1 次の問いに答えましょう。

(1) 放射線を受けることを何といいますか。 〔　　　　〕

(2) 中性子の流れである放射線を何といいますか。 〔　　　　〕

(3) 宇宙からくる放射線や大地から出る放射線など，自然界に存在する放射線のことを何といいますか。 〔　　　　〕

(4) 放射線の説明として正しいものを次からすべて選びましょう。

ア 放射線は物体を通りぬける性質をもつ。

イ 放射線は目に見えない。

ウ 生物が放射線を受けると，ほんの少量でも健康被害が出る。

エ α線は電子の流れである。

オ X線は電磁波の一種である。

〔　　　　〕

放射線に関連するイオン，電離，遺伝子，DNAなどの用語をしっかり復習しておこう。

もっとくわしく

放射線の単位

放射線の単位にはベクレル（記号Bq）やシーベルト（記号Sv）などが使われます。ベクレルは放射性物質が放射線を出す能力（放射能）の大きさを表す単位で，シーベルトは，放射線が人体に与える影響の大きさを表す単位です。

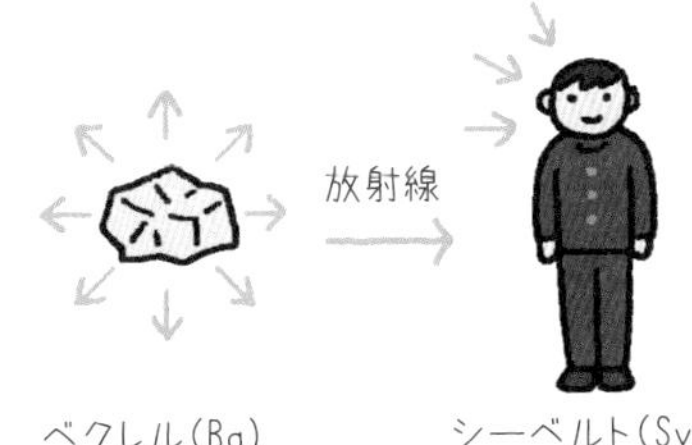

52 物質の利用と人間 新素材はどう役立つ？

わたしたちは，繊維やプラスチックなどさまざまな物質を利用して生活しています。

繊維には，天然の素材からつくられた**天然繊維**と，石油などを原料にして人工的につくられた**合成繊維**があります。

プラスチックは石油などを原料として人工的に合成された物質の総称です。

【天然繊維】

綿（ワタの果実）	毛（羊毛）	絹（カイコガのまゆ）
じょうぶで汗を吸う。	保温性があるが，洗濯で縮みやすい。	光沢があるが，摩擦に弱い。

【合成繊維】

ポリエステル	ナイロン	アクリル
じょうぶでしわになりにくい。	じょうぶで軽く光沢がある。	じょうぶで，毛に似た感触と保温性がある。

【プラスチック】

ポリプロピレン PP	ポリエチレン PE	ポリエチレンテレフタラート PET	ポリ塩化ビニル PVC	ポリスチレン PS
食器，ペットボトルのふたなど	レジ袋，容器など	ペットボトルなど	消しゴム，ボールなど	コップなど
熱や薬品に強い。水に浮く。	油や薬品に強い。水に浮く。	透明で，かたいが弾力がある。水に沈む。	燃えにくい。薬品に強い。水に沈む。	かたいが割れやすい。水に沈む。

科学技術の進歩にともない，多くの新素材が開発されています。新素材には，炭素繊維や形状記憶合金，機能性高分子などがあります。

機能性高分子とは，電流を流す導電性高分子，水を大量に吸収する吸水性高分子，自然界で分解されやすい生分解性高分子などの，従来にはない機能をもつプラスチックのことです。

【新素材】

炭素繊維

炭素でできた繊維。アクリル繊維などを高温で処理してつくる。

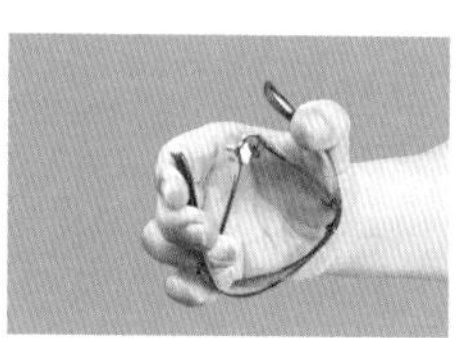

形状記憶合金

変形させても加熱するともとの形にもどる合金金属の混合物。

炭素繊維の写真 ©三菱ケミカル株式会社

形状記憶合金の写真 ©アフロ

基本練習

答えは別冊15ページ

1 次の問いに答えましょう。

(1) 石油などを原料にして人工的につくられる繊維(せんい)を何といいますか。

〔　　　　　　〕

(2) ワタの果実からつくられる繊維を何といいますか。

〔　　　　　　〕

(3) 毛に似た感触と保温性があるためにセーターなどに使われる合成繊維を何といいますか。

〔　　　　　　〕

(4) ①，②の説明にあてはまるプラスチックを，**ア**～**エ**からそれぞれ選びましょう。

①燃えにくく，薬品に強い。　① 〔　　　　〕

②ペットボトルの原料である。　② 〔　　　　〕

ア　ポリスチレン　　**イ**　ポリエチレンテレフタラート

ウ　ポリ塩化ビニル　　**エ**　ポリプロピレン

プラスチックは広く使われているけど，最近ではレジ袋(ぶくろ)の有料化など，使用を減らす動きが高まっているよ。

もっとくわしく

プラスチックは海ではやっかい者？

プラスチックは，自然界で分解されにくいため，放置されると長い間残ります。

砂浜(すなはま)などにプラスチックごみが残ると，魚や鳥が飲みこんでしまうことが問題視されています。海に流れ出て紫外(しがい)線(せん)などでくだけて細かくなったプラスチックは，マイクロプラスチックとよばれます。

©Alamy / アフロ

53 科学技術の未来 持続可能な社会って？

人間は科学技術によって，豊かで便利な生活をつくり上げてきました。しかし，その一方で，自然環境の破壊やかぎりある資源の減少といった問題もあります。

資源の消費を減らし，くり返し利用することができる社会を循環型社会といいます。循環型社会を築くために，近年では**3R**や**ゼロ・エミッション**などというとり組みが進められています。

【ゼロ・エミッション】

工場などで出る廃棄物をできるかぎり原材料として再利用し，廃棄物をなくすとり組み。

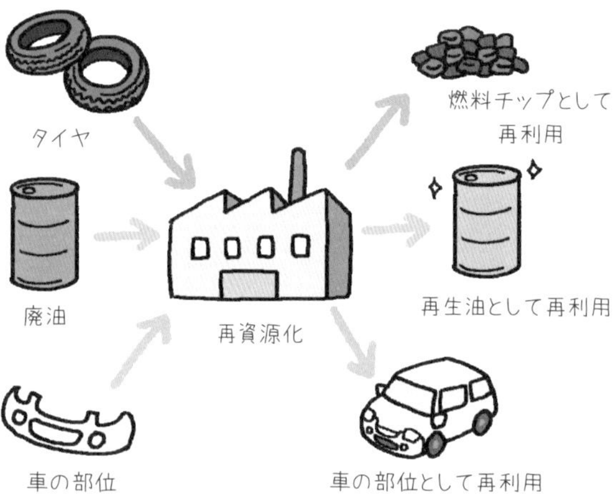

【3R】

- Reduce　ごみの発生を減らす。
- Reuse　中古品やびんなどを再使用する。
- Recycle　空き缶やペットボトルを回収・再利用したり，廃棄物を再資源化したりする。

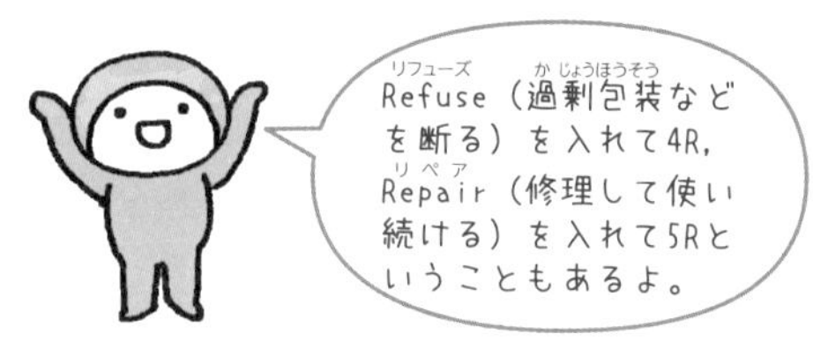

将来にわたって，くらしに必要なものやエネルギーを安定して手に入れることができる社会を**持続可能な社会**といいます。

持続可能な社会の実現のための目標**SDGs**が，2015年の国連サミットで採択されました。この中には，自然環境の保全や科学技術の応用に関係するものもふくまれています。

【持続可能な開発目標（SDGs）の例】

基本練習

答えは別冊16ページ

1 次の問いに答えましょう。

(1) 将来の世代にわたって，くらしに必要なものやエネルギーを安定して手に入れることができる社会を何といいますか。

〔　　　　　　〕

(2) 工場などで行われている，廃棄物を原材料として再利用し，できるだけ廃棄物をなくすというとり組みを何といいますか。

〔　　　　　　〕

(3) 2015年の国連サミットで採択された，達成すべき17の「持続可能な開発目標」の略号を答えましょう。

〔　　　　　　〕

(4) 3Rのうちの「Reduce」として適切なものを次から選びましょう。

ア　ペットボトルを資源ごみとして出す。
イ　ごみを減らすためにつめかえ用の洗剤を買う。
ウ　ガラス容器を洗ってくり返し使う。

〔　　　　　　〕

科学技術を使って，資源の消費を減らし，できるだけ将来の世代に資源を残す持続可能な社会を目指していることを理解しよう。

もっとくわしく

都市鉱山

携帯電話やパソコンには，金やニッケル，クロムなどのレアメタルとよばれる入手困難な金属が部品として使われています。廃棄された携帯電話やパソコンを「都市鉱山」といい，これらを資源として再利用する技術が実用化されつつあります。

→ 答えは別冊20ページ

得点　／100点

5章 自然環境と人間

1

右の図は南極上空のオゾン層の変化を示したものです。これについて，次の問いに答えましょう。　【各5点　計15点】

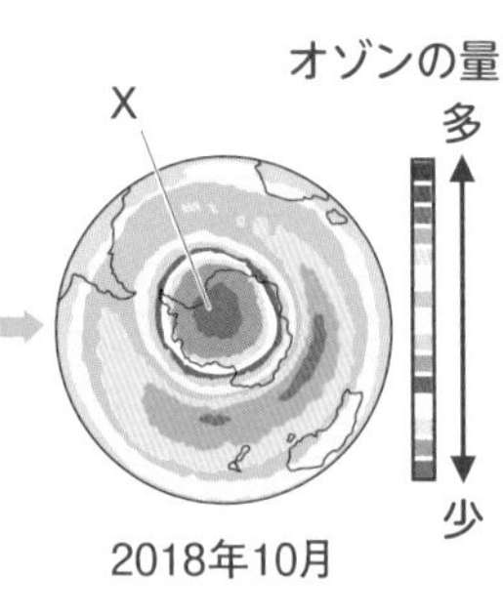

(1)　オゾン層は，宇宙から地球に届く何を吸収していますか。

〔　　　　　　〕

(2)　オゾン層が極端(きょくたん)に減少している図のXの部分を何といいますか。

〔　　　　　　〕

(3)　オゾン層が減少する主(おも)な原因となっている物質は何ですか。

ア　メタン　　イ　アンモニア　　ウ　フロン類　　エ　二酸化炭素

〔　　　　　　〕

2

右の図は，地球の表面で起こる自然の変化を表したものです。これについて，次の問いに答えましょう。　【各5点　計25点】

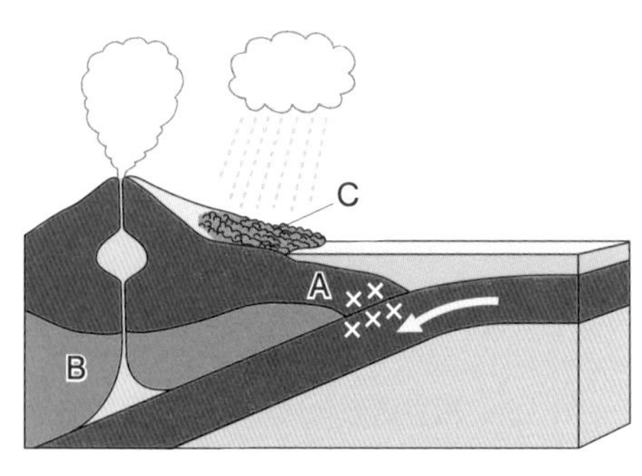

(1)　図のAで地震(じしん)が起こると，海水がもち上げられて沿岸の地域に大量の海水が押(お)し寄せることがあります。これを何といいますか。

〔　　　　　　〕

(2)　緊急(きんきゅう)地震速報は，2つの地震波の伝わる速さのちがいを利用しています。P波とS波では，伝わる速さにどのようなちがいがありますか。簡単に答えましょう。

〔　　　　　　〕

(3)　火山活動のもとになる，図のBの地下で岩石がとけたものを何といいますか。

〔　　　　　　〕

(4)　図のCのように，火山灰(かざんばい)や土砂(どしゃ)などが大雨などにより押し流される現象を何といいますか。

〔　　　　　　〕

(5)　火山の噴火(ふんか)や大雨などの自然災害について，予想される災害の程度や，避難(ひなん)場所，避難経路などを地図上に表したものを何といいますか。

〔　　　　　　〕

3

右の図は火力発電を，模式的に表したものです。これについて，次の問いに答えましょう。　【各５点　計20点】

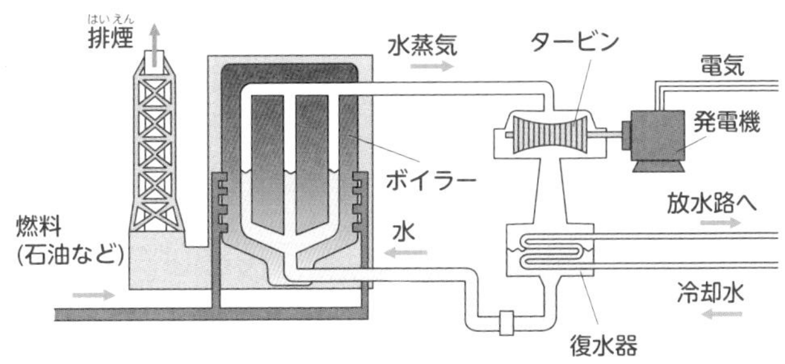

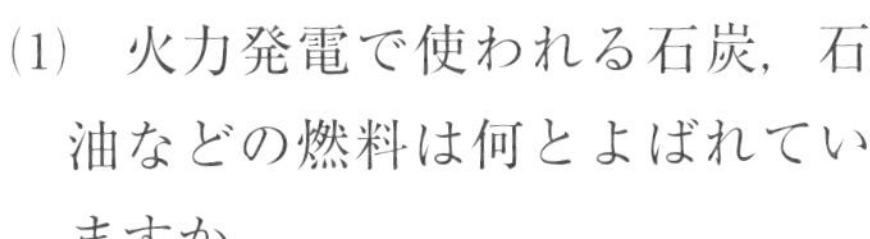

(1)　火力発電で使われる石炭，石油などの燃料は何とよばれていますか。

［　　　　　　　　］

(2)　(1)の燃焼により排出される二酸化炭素には，宇宙に放射する熱の一部を地表にもどすはたらきがあります。このはたらきを何といいますか。また，この結果，地球の平均気温が上昇する現象を何といいますか。

はたらき［　　　　　　　　］　現象［　　　　　　　　］

(3)　大気中の二酸化炭素を増加させないために，間伐材などの生物を燃料にした発電が行われています。この発電を何といいますか。　［　　　　　　　　］

4

右の図は，原子核から出る放射線を模式的に表したものです。これについて，次の問いに答えましょう。　【各５点　計25点】

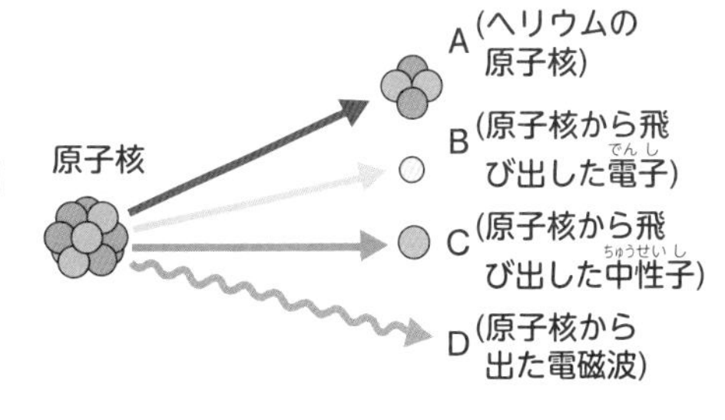

(1)　図のA～Dの放射線の名前を答えなさい。

A［　　　　　　　　］　B［　　　　　　　　］

C［　　　　　　　　］　D［　　　　　　　　］

(2)　放射線の人体への影響を表す単位Svの読み方を答えなさい。　［　　　　　　　　］

5

右の図は，「持続可能な開発目標（SDGs）」の目標のうちの２つです。これについて，次の問いに答えましょう。　【(1)５点　(2)10点　計15点】

(1)　７について，太陽光，風力など，資源にかぎりがなく，環境を汚す恐れが少ないエネルギーを何といいますか。　［　　　　　　　　］

(2)　14 について，海洋ではプラスチックごみを魚類や水鳥が食物とともに食べてしまい，体内にとり入れることが問題になっています。プラスチックが自然界に長く残るのは，プラスチックにどのような性質があるからですか。「菌類や細菌類」という語句を用いて書きなさい。

［　　　　　　　　　　　　　　　　］

中3理科をひとつひとつわかりやすく。 改訂版

本書は，個人の特性にかかわらず，内容が伝わりやすい配色・デザインに配慮し，
メディア・ユニバーサル・デザインの認証を受けました。

執筆
シー・キューブCo.Ltd.

カバーイラスト・シールイラスト
坂木浩子

本文イラスト・図版
（有）青橙舎（高品吹夕子）
（株）日本グラフィックス

写真提供
写真そばに記載，記載のないものは編集部

ブックデザイン
山口秀昭（Studio Flavor）

メディア・ユニバーサル・デザイン監修
NPO法人メディア・ユニバーサル・デザイン協会　伊藤裕道

DTP
㈱四国写研

①

中3理科を
ひとつひとつわかりやすく。
［改訂版］

軽くのりづけされているので，
外して使いましょう。

Gakken

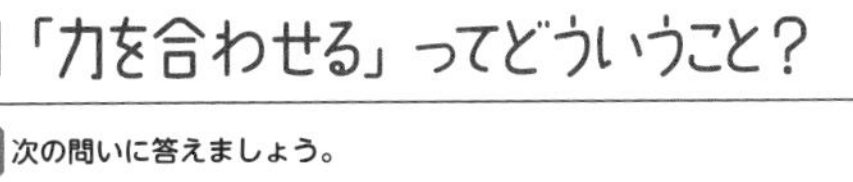

01「力を合わせる」ってどういうこと？

1 次の問いに答えましょう。

(1) 2つの力を，同じはたらきをする1つの力にすることを何といいますか。
〔 力の合成 〕

(2) 2つの力と同じはたらきをする1つの力を何といいますか。
〔 合力 〕

(3) 一直線上にある逆向きの2つの力の合力は，2力の和，差のどちらになりますか。
〔 差 〕

(4) 1つの力と同じはたらきをする2つの力を何といいますか。
〔 分力 〕

2 下の図1では合力を，図2では点線上に分力を作図しましょう。

図1
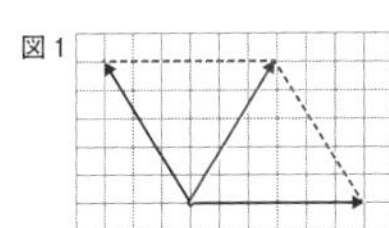

図2
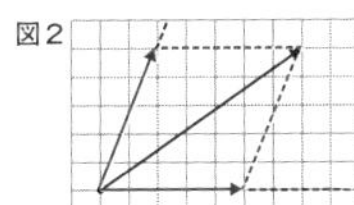

解説 **2** 図1　2つの力を2辺とした平行四辺形の対角線が合力(ごうりょく)を表す矢印になる。

02 水の重さによる圧力

1 次の文の〔　〕にあてはまる語句を書きましょう。

(1) 水中では，水の重さによって圧力が生じる。これを〔 水圧 〕という。

(2) 大気圧や(1)は，〔 あらゆる 〕向きにはたらく。

(3) 圧力は，圧力〔Pa〕＝$\dfrac{\text{力の大きさ〔N〕}}{\text{〔 面積 〕〔m}^2\text{〕}}$という式で求める。

(4) 水の深さが深くなるほど，(1)の大きさは，〔 大きく 〕なる。

2 深さ30 cmではたらく水圧の大きさを計算します。これについて，次の問いに答えましょう。水の密度は1.0 g/cm^3，100 gの物体にはたらく重力の大きさを1 Nとします。

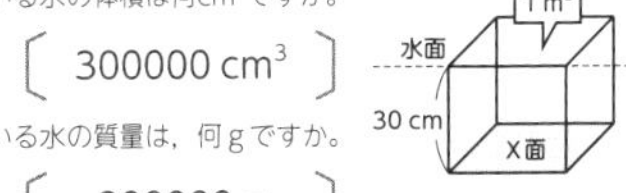

(1) X面の上にのっている水の体積は何cm^{3}ですか。
〔 300000 cm^3 〕

(2) X面の上にのっている水の質量は，何gですか。
〔 300000 g 〕

(3) X面にはたらく重力の大きさは，何Nですか。
〔 3000 N 〕

(4) X面にはたらく水の圧力は何Paですか。
〔 3000 Pa 〕

解説 **2** (4) X面にはたらく重力が3000 Nだから，1 m^{2}の面にはたらく水圧は3000 Pa。

03 浮力はどうしてはたらくの？

1 (1)は〔　〕にあてはまる語句を書き，(2)は〔　〕の中の正しいものを○で囲みましょう。

(1) 水中で物体にはたらく上向きの力を〔 浮力 〕という。

(2) (1)は，水中にある物体の下の面にはたらく水圧による力の大きさと，上の面にはたらく水圧による力の大きさの〔 和 ・ (差) 〕によって生じる。

2 空気中である物体をばねばかりにつるしたら3 Nを示し，図のように水中に沈めたら2 Nを示しました。これについて，次の問いに答えましょう。

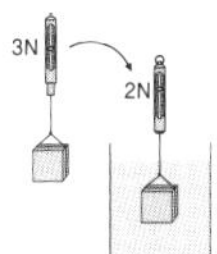

(1) 物体にはたらく浮力は何Nですか。
〔 1 N 〕

(2) さらに深く物体を沈めました。物体にはたらく浮力の大きさはどうなりますか。
〔 変わらない 〕

解説 **2** (1) ばねばかりの値＝物体にはたらく重力－浮力より，浮力は　3〔N〕－2〔N〕＝1〔N〕

04 速さを求めてみよう！

1 2時間に72 km進む自動車の速さは何m/sか，求めましょう。

速さ＝$\dfrac{〔\ 72000\ 〕\text{m}}{〔\ 7200\ 〕\text{s}}$＝〔 10 〕m/s

2 記録タイマーを使って速さを調べました。次の問いに答えましょう。

(1) 記録テープを手で引いて速さを比べました。A，Bのどちらの方が速いですか。
〔 B 〕

(2) 1秒間に50回打点する記録タイマーで，台車の運動を記録しました。

① P点からQ点を打つまでの時間は何秒ですか。
〔 0.1 秒 〕

② P点からQ点を打つまでの間の台車の速さは何cm/sですか。
〔 56 cm/s 〕

(3) 1秒間に60回打点する記録タイマーで，台車の運動を記録しました。

① 記録テープの連続した2打点の間隔は，何秒間の移動距離を表していますか。分数で答えましょう。
〔 $\dfrac{1}{60}$ 秒 〕

② 0.1秒間の移動距離を調べるためには，何打点ごとの記録テープの長さをはかればよいですか。
〔 6 打点 〕

解説 **2** (1) 点の間隔(かんかく)が広い方が速い。
(2) ② 5.6〔cm〕÷0.1〔s〕＝56〔cm/s〕

05 速さが変わらない運動

本文 15 ページ

1 次の文の〔　〕にあてはまる語句を書きましょう。

(1) 一定の速さで一直線上を動く運動を〔 等速直線運動 〕という。

(2) 物体がそれまでの運動を続けようとする性質を〔 慣性 〕という。

(3) 物体に力がはたらいていないとき，または，物体にはたらいている力が〔 つり合って 〕いるとき，静止している物体は静止し続け，運動している物体は〔 等速直線運動 〕を続ける。

2 右のグラフからあてはまるものを選びましょう。

(1) 等速直線運動の時間と速さの関係を表すグラフ　〔 ウ 〕

(2) 等速直線運動の時間と移動距離を表すグラフ　〔 ア 〕

ア　時間　イ　時間　ウ　時間　エ　時間

3 自動車が15秒間に120 m進む等速直線運動をしています。これについて，次の問いに答えましょう。

(1) 自動車の速さは，何m/sですか。　〔 8 m/s 〕

(2) 自動車は200秒間に何m進みますか。　〔 1600 m 〕

解説 3 (1) 120〔m〕÷15〔s〕=8〔m/s〕
(2) 8〔m/s〕×200〔s〕=1600〔m〕

06 どんどん速くなる運動

本文 17 ページ

1 斜面を下る台車について，次の問いに答えましょう。

(1) 斜面を下る台車には，重力の斜面に平行な分力がはたらいています。台車が斜面を下るにつれて，この力の大きさはどのように変化しますか。
ア　大きくなる。　イ　小さくなる。
ウ　変化しない。　〔 ウ 〕

(2) 斜面を下るにつれて，台車の速さはどのように変化しますか。
ア　だんだん速くなる。　イ　だんだん遅くなる。
ウ　変化しない。　〔 ア 〕

(3) 斜面の傾きが大きくなると，台車の速さが変化する割合はどのようになりますか。　〔 大きくなる。 〕

(4) 次の文の〔　〕にあてはまる語句を答えましょう。
自由落下をする物体には，同じ大きさの〔 重力 〕がはたらき続けるので，落下する速さは一定の割合で増加する。その割合は，同じ物体が斜面を下るときよりも〔 大きく 〕なる。

解説 1 (4) 自由落下（じゆうらっか）の方が，斜面（しゃめん）を下る運動よりも，物体に大きな力がはたらき続ける。

07 押したら押し返される!?

本文 19 ページ

1 次の文の〔　〕にあてはまる語句を答えましょう。

(1) 物体Aが物体Bに力を加えると，同時に物体Aは物体Bから力を受ける。物体Bから受ける力は，物体Aが加えた力と〔 同じ 〕大きさで，〔 反対（逆） 〕向きである。また，この2つの力は一直線上にある。

(2) (1)のことを，〔 作用・反作用 〕の法則という。

(3) つり合っている2力は〔 1 〕つの物体にはたらく。

(4) 作用・反作用の2力は，〔 2 〕つの物体の間にはたらく。

2 右の図のように，A君がスケートボードに乗って壁（かべ）を押すと，A君は壁から離れる向きに動きました。次の問いに答えましょう。

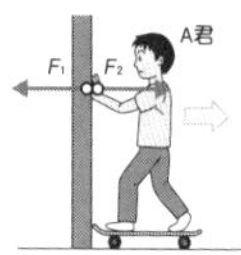

(1) A君が壁を押す力を作用としたとき，反作用を表しているのはF_1，F_2のどちらですか。　〔 F_2 〕

(2) F_1，F_2の力の大きさの関係を，<，>，=のどれかを用いて書きましょう。
F_1〔 = 〕F_2

3 本を机の上に置いたとき，「作用・反作用」の関係にある力はどれとどれですか。2つ選びましょう。

ア　机が本を押す力　イ　本にはたらく重力
ウ　本が机を押す力　〔 ア，ウ 〕

解説 2 (1) A君が壁（かべ）を押（お）す力F_1が作用（さよう）なので，反作用（はんさよう）は壁がA君を押し返す力F_2である。

08 理科の「仕事」とは？

本文 23 ページ

1 次の問いに答えましょう。ただし100 gの物体にはたらく重力を1 Nとします。

(1) 物体に加えた力の大きさと，物体が力の向きに動いた距離の積で表される量を何といいますか。　〔 仕事 〕

(2) 10 kgの荷物を持って立っているとき，力は荷物に対して(1)をしていますか，していませんか。　〔 していない。 〕

(3) 1秒間あたりにする(1)を何といいますか。　〔 仕事率 〕

(4) 6 kgの荷物を2 mの高さまで持ち上げました。このときの(1)は何Jですか。　〔 120 J 〕

(5) 6 kgの荷物を2 mの高さまで持ち上げるのに2秒かかりました。このときの(3)は何Wですか。　〔 60 W 〕

2 図のように，水平な床の上で6 kgの物体を45 Nの力で引きました。このとき，3 m動かすのに5秒かかりました。次の問いに答えましょう。

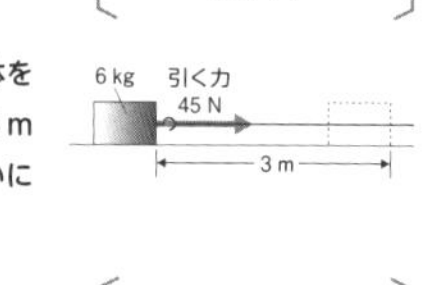

(1) このときの仕事は何Jですか。　〔 135 J 〕

(2) 仕事率は何Wですか。　〔 27 W 〕

解説 2 (1) 45〔N〕×3〔m〕=135〔J〕
(2) 135〔J〕÷5〔s〕=27〔W〕

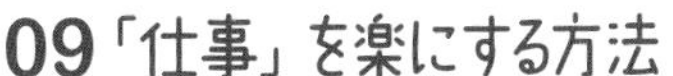

09「仕事」を楽にする方法

本文25ページ

1 **てこや滑車などの道具を使っても使わなくても，仕事の大きさが変わらないことを何といいますか。**　〔 仕事の原理 〕

2 **右の図のようにして，6Nの物体を1m引き上げました。**

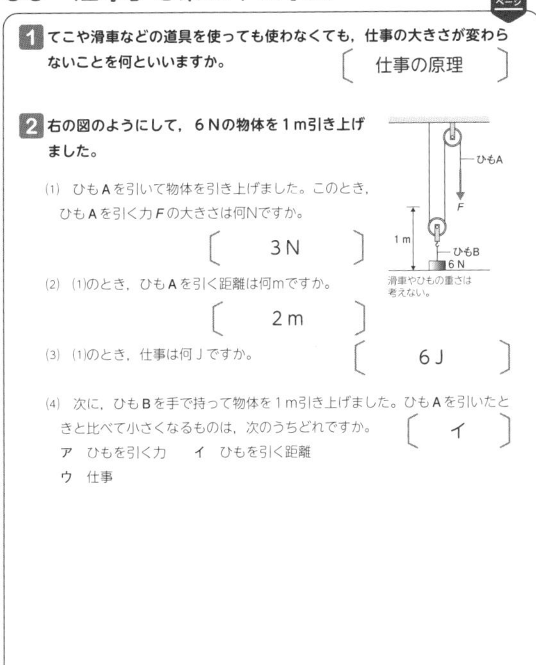

(1) ひもAを引いて物体を引き上げました。このとき，ひもAを引く力 *F* の大きさは何Nですか。

〔 3N 〕

(2) (1)のとき，ひもAを引く距離は何mですか。

〔 2m 〕

(3) (1)のとき，仕事は何Jですか。　〔 6J 〕

(4) 次に，ひもBを手で持って物体を1m引き上げました。ひもAを引いたときと比べて小さくなるものは，次のうちどれですか。　〔 イ 〕

ア　ひもを引く力　　イ　ひもを引く距離

ウ　仕事

解説 **2** 動滑車を使うと力は物体の重さの半分ですむが，ひもを引く距離は引き上げる距離の2倍になる。

10 エネルギーって何？

本文27ページ

1 **次の問いに答えましょう。**

(1) ほかの物体に対して，仕事をする能力を何といいますか。

〔 エネルギー 〕

(2) 運動している物体がもっているエネルギーを何といいますか。

〔 運動エネルギー 〕

(3) 高いところにある物体がもっているエネルギーを何といいますか。

〔 位置エネルギー 〕

2 **工事現場で使われているくい打ち機について，次の問いに答えましょう。**

(1) くい打ち機のおもりを引き上げました。おもりは仕事をしましたか，されましたか。

〔 仕事をされた。 〕

(2) (1)で，おもりのもつエネルギーは増加しましたか，減少しましたか。

〔 増加した。 〕

(3) おもりが落下してくいを打ったとき，おもりは仕事をしましたか，されましたか。　〔 仕事をした。 〕

(4) (3)で，おもりのもつエネルギーは増加しましたか，減少しましたか。

〔 減少した。 〕

解説 **2** (1)(2) おもりを引き上げると，おもりは仕事をされて，おもりのもつ位置エネルギーは増加する。

11 エネルギーの大きさは何で決まる？

本文29ページ

1 **次の〔　〕にあてはまる語句や数値を書きましょう。**

(1) 運動エネルギーは，物体の速さが〔 大きい（速い） 〕ほど，また，質量が〔 大きい 〕ほど，大きくなる。

(2) 位置エネルギーは，物体の基準面からの高さが〔 高い 〕ほど，また，物体の質量が〔 大きい 〕ほど，大きくなる。

2 **図のように，水平な台の上で小球を転がして木片に当てて，木片の移動距離を調べました。これについて，次の問いに答えましょう。**

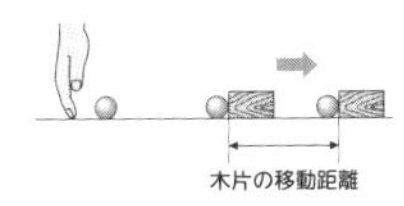

(1) 小球が木片に当たる前にもっているエネルギーを何といいますか。

〔 運動エネルギー 〕

(2) 小球の速さを大きくして木片に当てると，木片の移動距離はどうなりますか。　〔 大きくなる（長くなる）。 〕

(3) 質量が大きい金属球に変えて同じ速さで木片に当てると，木片の移動距離はどうなりますか。　〔 大きくなる（長くなる）。 〕

3 **小球のもつ位置エネルギーが大きい順に，次のア～ウを並べましょう。**

ア　1mの高さにある10gの小球
イ　2mの高さにある20gの小球
ウ　1mの高さにある20gの小球

〔 イ → ウ → ア 〕

解説 **2** (2)(3) 運動エネルギーは，小球の速さが大きいほど，また，質量が大きいほど，大きくなる。

12 エネルギーは，なくならない！

本文31ページ

1 **次の文の〔　〕にあてはまる語句を書きましょう。**

位置エネルギーと運動エネルギーの和を〔 力学的エネルギー 〕といい，この値が一定に保たれることを〔 力学的エネルギーの保存（力学的エネルギー保存の法則） 〕という。

2 **右の図のように運動する振り子について，次の問いに答えましょう。**

(1) おもりの速さが最も大きいのは，A～Eのどの点ですか。　〔 C 〕

(2) おもりのエネルギーが次のようになるのは，A～Eのどの区間ですか。

①運動エネルギーが増加している。　〔 A ～ C 〕

②位置エネルギーが増加している。　〔 C ～ E 〕

解説 **2** (2) おもりが下がるにつれて，おもりの位置エネルギーは減少し，運動エネルギーが増加する。

13 電気が流れる水溶液

本文35ページ

1 次の問いに答えましょう。

(1) 水にとけると，水溶液に電流が流れる物質を何といいますか。

〔 電解質 〕

(2) 水溶液に電流が流れる物質を２つ選びましょう。

〔 ア，エ 〕

ア 塩化ナトリウム　イ 砂糖　ウ エタノール　エ 塩化水素

2 塩化銅水溶液を電気分解しました。次の問いに答えましょう。

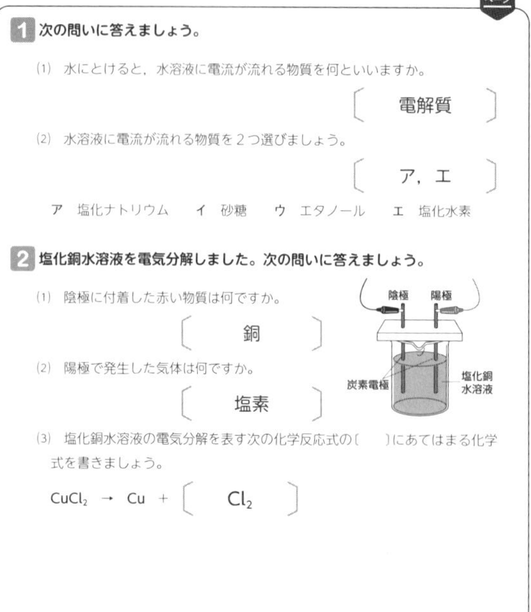

(1) 陰極に付着した赤い物質は何ですか。

〔 銅 〕

(2) 陽極で発生した気体は何ですか。

〔 塩素 〕

(3) 塩化銅水溶液の電気分解を表す次の化学反応式の〔　〕にあてはまる化学式を書きましょう。

$CuCl_2$ → Cu ＋〔 Cl_2 〕

解説 2 塩化銅水溶液を電気分解すると，陰極に銅が付着し，陽極からは塩素が発生する。

14 もし，原子が見えたら？

本文37ページ

1 次の問いに答えましょう。

(1) 原子の中心にある陽子と，中性子からできているものを何といいますか。

〔 原子核 〕

(2) 陽子と中性子のうち，次の性質をもつのはどちらですか。

① ＋の電気をもつ。　② 電気をもたない。

〔 陽子 〕　〔 中性子 〕

(3) 同じ元素の原子で，中性子の数が異なるものどうしを何といいますか。

〔 同位体 〕

2 図はヘリウム原子を模式的に表したものです。次の問いに答えましょう。

(1) Aは何ですか。〔 陽子 〕

(2) Bは何ですか。〔 電子 〕

(3) Cは何ですか。〔 中性子 〕

解説 1 (2) 2 (1)(3) 原子核は，＋の電気をもった陽子と電気をもたない中性子からできている。

15 原子とイオンの関係

本文39ページ

1 次の問いに答えましょう。

(1) 原子が電子を失ってできるイオンを何イオンといいますか。

〔 陽イオン 〕

(2) 原子が電子を失ってできるイオンは，＋，－のどちらの電気を帯びていますか。

〔 ＋ 〕

(3) 原子が電子を受けとってできるイオンを何イオンといいますか。

〔 陰イオン 〕

(4) ナトリウム原子が電子を１個失ってできるイオンを何といいますか。

〔 ナトリウムイオン 〕

(5) 塩素原子が電子を１個受けとってできるイオンを何といいますか。

〔 塩化物イオン 〕

2 図のA，Bはイオンのでき方を示したものです。次の問いに答えましょう。

(1) 陽イオンになるのはA，Bのどちらですか。〔 A 〕

(2) 陰イオンになるのはA，Bのどちらですか。〔 B 〕

(3) Aのイオンの説明として正しいのはどれですか。次から選びましょう。〔 ア 〕

ア 電子を失って，＋の電気を帯びる。
イ 電子を失って，－の電気を帯びる。
ウ 電子を受けとって，＋の電気を帯びる。
エ 電子を受けとって，－の電気を帯びる。

解説 2 (1)(2) 原子が電子を失うと陽イオンになり，原子が電子を受けとると陰イオンになる。

16 イオンの書き方

本文41ページ

1 次のイオンの名前を書きましょう。

(1) Na^+〔 ナトリウムイオン 〕　(2) Cl^-〔 塩化物イオン 〕

(3) SO_4^{2-}〔 硫酸イオン 〕　(4) Cu^{2+}〔 銅イオン 〕

(5) OH^-〔 水酸化物イオン 〕　(6) Mg^{2+}〔 マグネシウムイオン 〕

2 次のイオンを表す化学式を書きましょう。

(1) 水素イオン〔 H^+ 〕　(2) 水酸化物イオン〔 OH^- 〕

(3) マグネシウムイオン〔 Mg^{2+} 〕　(4) 硫化物イオン〔 S^{2-} 〕

(5) 亜鉛イオン〔 Zn^{2+} 〕　(6) 硝酸イオン〔 NO_3^- 〕

(7) 炭酸イオン〔 CO_3^{2-} 〕　(8) アンモニウムイオン〔 NH_4^+ 〕

(9) カリウムイオン〔 K^+ 〕　(10) 硫酸イオン〔 SO_4^{2-} 〕

解説 2 電子を２個失ったり，２個受けとったりしてできたイオンは，右肩に２＋，２－と書く。

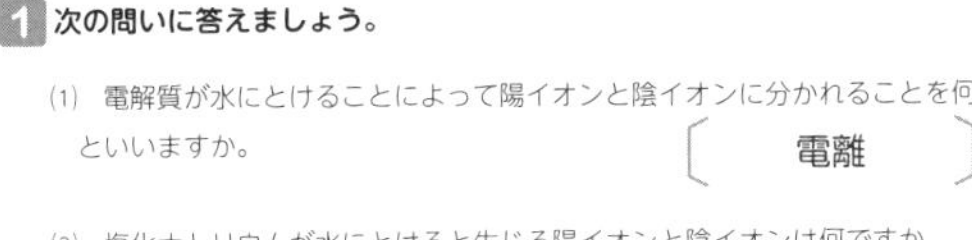

17 水溶液に電流が流れるわけ

本文43ページ

1 次の問いに答えましょう。

(1) 電解質が水にとけることによって陽イオンと陰イオンに分かれることを何といいますか。 〔 電離 〕

(2) 塩化ナトリウムが水にとけると生じる陽イオンと陰イオンは何ですか。

陽イオン 〔 ナトリウムイオン 〕

陰イオン 〔 塩化物イオン 〕

(3) 塩化銅が水にとけると生じる陽イオンと陰イオンは何ですか。

陽イオン 〔 銅イオン 〕

陰イオン 〔 塩化物イオン 〕

2 右のような装置で塩化銅水溶液を電気分解しました。次の問いに答えましょう。

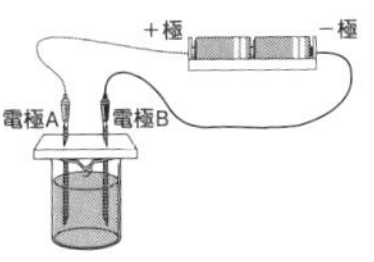

(1) 塩化銅の電離を表す化学反応式を完成させましょう。

$CuCl_2$ → 〔 Cu^{2+} 〕 ＋ 2〔 Cl^- 〕

(2) 電極Aに引かれるイオンの名前を書きましょう。 〔 塩化物イオン 〕

(3) 電極Bに引かれるイオンを化学式で表しましょう。 〔 Cu^{2+} 〕

解説 2 (2) 電源の＋極とつないだ陽極には，陰イオンの塩化物イオンが引きつけられる。

18 どんな物質もイオンになるの？

本文45ページ

1 亜鉛，銅，マグネシウムをイオンになりやすい順番に左から並べましょう。

〔 マグネシウム 〕〔 亜鉛 〕〔 銅 〕

2 亜鉛板を硫酸銅水溶液に入れると，亜鉛板の表面に赤い物質がつきました。次の問いに答えましょう。

亜鉛板
硫酸銅水溶液
赤い物質がつく。

(1) 赤い物質は，何という物質ですか。 〔 銅 〕

(2) 水溶液中にふえているイオンは何ですか。 〔 亜鉛イオン 〕

3 硫酸亜鉛水溶液にマグネシウム板を入れました。次の問いに答えましょう。

(1) マグネシウムがイオンになって水溶液中にとけ出しました。マグネシウムの変化を表した次の化学反応式の〔　〕にあてはまる化学式を書きましょう。

Mg → 〔 Mg^{2+} 〕 ＋ $2e^-$

(2) 水溶液中の亜鉛イオンが亜鉛になって，マグネシウム板の表面につきました。亜鉛イオンの変化を表した次の化学反応式の〔　〕にあてはまる化学式を書きましょう。

Zn^{2+} ＋ $2e^-$ → 〔 Zn 〕

(3) 硫酸マグネシウム水溶液に亜鉛板を入れると，変化が起こりますか，変化が起こりませんか。 〔 変化が起こらない。 〕

解説 2 (2) 銅より亜鉛の方がイオンになりやすいので，亜鉛がZn^{2+}になって水溶液中にとけ出す。

19 電池のしくみ

本文47ページ

1 図は，ある電池のしくみを模式的にかいたものです。これについて，次の問いに答えましょう。

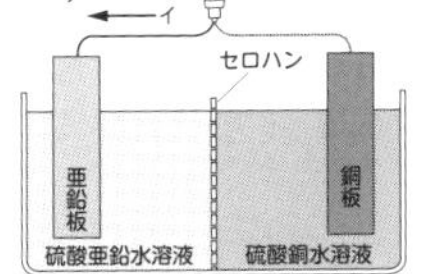

(1) 図の電池は何という電池ですか。 〔 ダニエル電池 〕

(2) イオンになってとけ出すのは，亜鉛板と銅板のどちらですか。 〔 亜鉛板 〕

(3) 表面に金属がつくのは，亜鉛板と銅板のどちらですか。 〔 銅板 〕

(4) ＋極になるのは，亜鉛板と銅板のどちらですか。 〔 銅板 〕

(5) 導線を電子が流れる向きは，図のア，イのどちらですか。 〔 ア 〕

解説 1 (4) イオンになりやすい亜鉛板が－極，イオンになりにくい銅板が＋極になる。

20 水溶液の性質を調べよう！

本文49ページ

1 次の問題に答えましょう。

(1) BTB溶液を加えると黄色になるのは何性の水溶液ですか。 〔 酸性 〕

(2) フェノールフタレイン溶液を加えると赤色になるのは何性の水溶液ですか。 〔 アルカリ性 〕

(3) マグネシウムリボンを入れると水素が発生するのは，何性の水溶液ですか。 〔 酸性 〕

2 次の問題に答えましょう。

(1) うすい塩酸にBTB溶液を加えると，何色になりますか。 〔 黄色 〕

(2) うすい塩酸をリトマス紙につけたときの色の変化として，正しいものはどれですか。 〔 イ 〕

ア 赤色リトマス紙が青色になる。
イ 青色リトマス紙が赤色になる。
ウ 青色リトマス紙も赤色リトマス紙も変化しない。

(3) うすい水酸化ナトリウム水溶液にマグネシウムリボンを入れたときの変化として，正しいものはどれですか。 〔 ウ 〕

ア 水素を発生してとける。
イ 二酸化炭素を発生してとける。
ウ 変化しない。

(4) アンモニア水溶液にフェノールフタレイン溶液を加えたときの変化として，正しいのはどれですか。 〔 ア 〕

ア 赤色になる。　イ 青色になる。
ウ 変化しない。

解説 2 (1) ＢＴＢ溶液は，酸性で黄色，中性で緑色，アルカリ性で青色を示す。塩酸は酸性なので黄色になる。

21 pHって何だろう？

本文51ページ

1 次の問いに答えましょう。

(1) 水にとけて電離し，水素イオンを生じる物質を何といいますか。

〔 酸 〕

(2) 水にとけて電離し，水酸化物イオンを生じる物質を何といいますか。

〔 アルカリ 〕

(3) 酸性の水溶液中に存在し，酸性の性質を決めるものは何ですか。

〔 水素イオン 〕

(4) 水溶液の酸性・アルカリ性の強さを示す数値を何といいますか。

〔 pH 〕

2 図のような装置で，赤色リトマス紙に水酸化ナトリウム水溶液を1滴たらし，電圧を加えました。次の問いに答えましょう。

陰極
水酸化ナトリウム水溶液
陽極
赤色リトマス紙

(1) 青色のしみは陽極側，陰極側のどちらのほうへ移動しますか。

〔 陽極側 〕

(2) 赤色リトマス紙を青色にするものは，陽イオン，陰イオンのどちらですか。

〔 陰イオン 〕

(3) 水酸化ナトリウム水溶液にふくまれ，赤色リトマス紙を青色にするのは何イオンですか。イオンの名前を答えましょう。

〔 水酸化物イオン 〕

解説 2 アルカリ性を示すもとになる水酸化物イオンは，−の電気を帯びているので，陽極に引かれる。

22 酸とアルカリを混ぜてみよう！

本文53ページ

1 次の問いに答えましょう。

(1) 酸性の水溶液とアルカリ性の水溶液を混ぜ合わせたときに起こる化学変化を何といいますか。

〔 中和 〕

(2) (1)で水素イオンと水酸化物イオンが結びついてできる物質は何ですか。

〔 水 〕

(3) (1)で酸の陰イオンとアルカリの陽イオンが結びついてできる物質を何といいますか。

〔 塩 〕

2 うすい塩酸にうすい水酸化ナトリウム水溶液を加えました。次の問いに答えましょう。

(1) 水酸化ナトリウム水溶液と混ぜ合わせると，塩酸の酸性の性質は強くなりますか，弱くなりますか。

〔 弱くなる。 〕

(2) 塩酸中の水素イオンと水酸化ナトリウム水溶液中の水酸化物イオンが結びつく化学変化を化学反応式で表しましょう。

〔 H^+ ＋ OH^- → H_2O 〕

(3) 塩酸中の塩化物イオンと，水酸化ナトリウム水溶液中のナトリウムイオンとが結びついてできる塩の名前は何ですか。

〔 塩化ナトリウム 〕

(4) 混ぜ合わせた水溶液にBTB溶液を加えると，青色になりました。このとき，水溶液の中にあるのは，水素イオン，水酸化物イオンのどちらですか。

〔 水酸化物イオン 〕

解説 2 塩酸と水酸化ナトリウム水溶液を混ぜると，中和して水と塩化ナトリウムができる。

23 化学反応式，書けるかな？

本文55ページ

1 次の物質の化学式を書きましょう。

(1) 塩化銅 〔 $CuCl_2$ 〕　(2) 硫酸 〔 H_2SO_4 〕

(3) 水酸化ナトリウム 〔 NaOH 〕

2 次の化学反応式を書きましょう。

(1) 塩化水素の電離

HCl → 〔 H^+ 〕 ＋ Cl^-

(2) 水酸化ナトリウムの電離

NaOH → 〔 Na^+ 〕 ＋ 〔 OH^- 〕

(3) 塩化銅の電離

$CuCl_2$ → 〔 Cu^{2+} 〕 ＋ 〔 $2Cl^-$ 〕

(4) 硫酸の電離

H_2SO_4 → 〔 $2H^+$ 〕 ＋ 〔 SO_4^{2-} 〕

(5) 塩酸と水酸化ナトリウム水溶液の中和

HCl ＋ NaOH → 〔 NaCl 〕 ＋ H_2O

(6) 硫酸と水酸化バリウム水溶液の中和

H_2SO_4 ＋ $Ba(OH)_2$ → 〔 $BaSO_4$ 〕 ＋ $2H_2O$

(7) 硝酸と水酸化カリウムの中和

HNO_3 ＋ KOH → 〔 KNO_3 〕 ＋ H_2O

解説 2 (6) 硫酸H_2SO_4と水酸化バリウム$Ba(OH)_2$の中和では，硫酸バリウム$BaSO_4$ができる。

24 生物はどうやって成長するの？

本文59ページ

1 次の〔　〕にあてはまる語句を答えましょう。

(1) 1つの細胞が分かれて2つの細胞になることを〔 細胞分裂 〕といいます。

(2) 生物は，〔 細胞分裂 〕によって細胞の数がふえ，その細胞が〔 大きく 〕なることによって成長していきます。

2 図1のように，ソラマメの根に等間隔に印をつけました。次の問いに答えましょう。

図1

等間隔に印をつける。

(1) 2日後のようすを，次のア〜エから選びましょう。

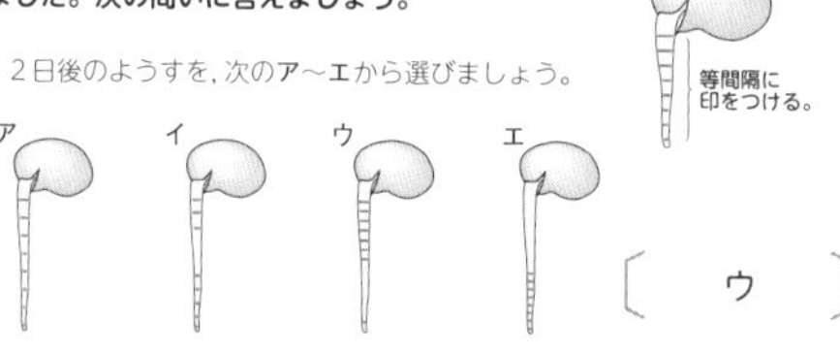

〔 ウ 〕

(2) 細胞分裂がさかんなのは，根の根もと近く，先端近くのどちらですか。

〔 先端近く 〕

(3) 図2は，細胞分裂の途中の細胞のようすです。細胞の中に見えるひも状のものを何といいますか。

図2

〔 染色体 〕

(4) 細胞分裂をしていない細胞に1つずつ見られる丸い粒を何といいますか。

〔 核 〕

解説 2 (1)(2) 根の先端近くで細胞分裂が行われて成長するので，先端近くの印の間がのびる。

25 細胞分裂のしかた

本文61ページ

1 次の問題に答えましょう。

(1) からだが成長するときに行われる細胞分裂を何といいますか。

〔 体細胞分裂 〕

(2) (1)の細胞分裂の前に染色体の数が2倍になることを，染色体の何といいますか。

〔 複製 〕

(3) (1)の細胞分裂によってできた1個の細胞の染色体の数は，もとの1個の細胞と比べてどうなりますか。

〔 同じになる。 〕

(4) 染色体に存在し，生物の形や性質を表すもとになるものを何といいますか。

〔 遺伝子 〕

2 図は体細胞分裂の各段階を模式的に示したものです。次の問題に答えましょう。

(1) 図のXを何といいますか。

〔 核 〕

(2) Aをはじめとして，細胞分裂の進む順にB～Fを並べかえましょう。

〔 A → F → B → E → D → C 〕

解説 2 (2) 染色体は，細胞の中央に集まってから，1本ずつに分かれて両端に移動する。

26 生物はどうやってふえるの？

本文63ページ

1 次の問題に答えましょう。

(1) 生物が新しい個体をつくることを何といいますか。

〔 生殖 〕

(2) 次の文の〔　　〕にあてはまる語句を答えましょう。
親のからだの一部から新しい個体をつくる生物のふえ方を
①〔 無性生殖 〕といいます。特に植物が行う①のことを，
②〔 栄養生殖 〕といいます。

(3) 生殖細胞が受精することによって新しい個体ができる生物のふえ方を何といいますか。

〔 有性生殖 〕

(4) 受精によってできた新しい細胞を，何とよびますか。

〔 受精卵 〕

解説 1 (2) ② ジャガイモがいもでふえるなどの，植物が行う無性生殖を，栄養生殖という。

27 植物・動物のふえ方

本文65ページ

1 次の問題に答えましょう。

(1) 動物の雄がつくる生殖細胞を何といいますか。

〔 精子 〕

(2) (1)は雄のからだのどこでつくられますか。

〔 精巣 〕

(3) 動物の雌がつくる生殖細胞を何といいますか。

〔 卵 〕

(4) (3)は雌のからだのどこでつくられますか。

〔 卵巣 〕

2 右の図は被子植物の受精のようすを示したものです。次の問いに答えましょう。

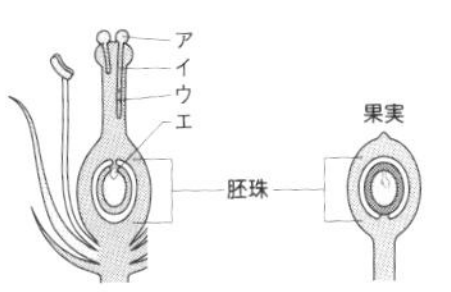

(1) イの管を何といいますか。

〔 花粉管 〕

(2) 受精はア～エのどれとどれの核が合体して行われますか。

〔 ウとエ 〕

(3) 胚珠は，やがて何とよばれるものになりますか。

〔 種子 〕

解説 2 (1) 精細胞は花粉管の中を移動する。(2) 精細胞の核と卵細胞の核が合体して受精が行われる。

28 オスとメスがいるわけ

本文67ページ

1 次の問いに答えましょう。

(1) 生殖細胞がつくられるときに行われる特別な細胞分裂を何といいますか。

〔 減数分裂 〕

(2) (1)が行われると，染色体の数は分裂前の体細胞とくらべてどうなりますか。適切な記号を選びましょう。

〔 イ 〕

ア 2倍になる。　イ 半分になる。
ウ 同じである。

(3) 受精によってできた子の染色体の数は，親の染色体の数とくらべてどうなりますか。適切な記号を選びましょう。

〔 ウ 〕

ア 2倍になる。　イ 半分になる。
ウ 同じである。

(4) 遺伝子の本体は何という物質ですか。

〔 DNA（デオキシリボ核酸） 〕

2 右下の図は，ある動物の雄と雌の細胞の核にある染色体を模式的に表したものです。次の問いに答えましょう。

雌

(1) 雄の生殖細胞にふくまれる染色体を，図にならって，右の円Aの中にかきましょう。

(2) 受精によってできた子の細胞の核にふくまれる染色体を，図にならって，右の円Bの中にかきましょう。

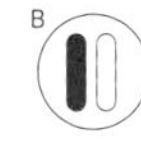

解説 2 (1) 親の1対の染色体は減数分裂により1本ずつ分かれて，生殖細胞に入る。

29 子が親に似るわけ

本文71ページ

1 次の問題に答えましょう。

(1) 親の形質が子や孫に伝わることを何といいますか。

〔 遺伝 〕

(2) 対になっている遺伝子が分かれて，別々の生殖細胞に入ることを何の法則といいますか。

〔 分離の法則 〕

(3) (2)のことが起こるために行われる細胞分裂を何といいますか。

〔 減数分裂 〕

2 **丸形の遺伝子Aをもつエンドウと，しわ形の遺伝子aをもつエンドウがつくる，生殖細胞の核にある染色体と遺伝子はどのようになりますか。また，これらが下の図のように受精してできた子の体細胞の核にある染色体と遺伝子はどのようになりますか。それぞれ，次の図の核を表す円の中に，親の体細胞と同じようにかきましょう。**

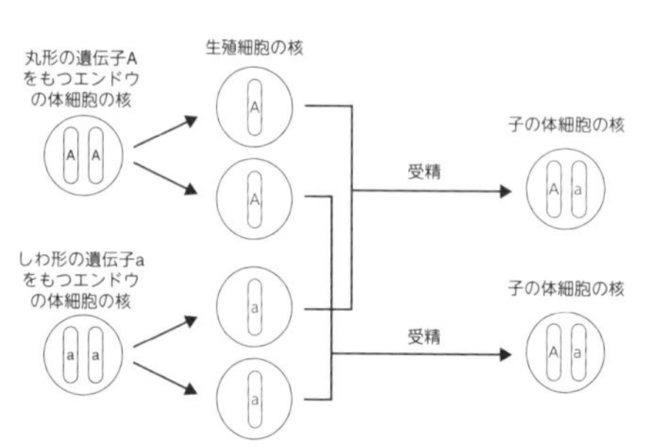

解説 **2** 減数分裂の結果，対になっていた遺伝子AAやaaは，それぞれ1つずつ分かれて別の生殖細胞に入る。

30 メンデルの実験

本文73ページ

1 次の問いに答えましょう。

(1) 〔　〕にあてはまる記号を答えましょう。

エンドウの種子の形を決める遺伝子を，丸形をA，しわ形をaと表すと，丸形の純系の遺伝子の組み合わせは〔 AA 〕，しわ形の純系の遺伝子の組み合わせは〔 aa 〕です。丸形の純系の株としわ形の純系の株をかけ合わせてできた種子の遺伝子の組み合わせは〔 Aa 〕となります。

(2) 遺伝子の組み合わせがAaの個体に，現れる形質を何といいますか。

〔 顕性の形質 〕

(3) 遺伝子の組み合わせがAaの個体に，現れない形質を何といいますか。

〔 潜性の形質 〕

2 **丸形の種子をつくる純系の株としわ形の種子をつくる純系の株をかけ合わせると，子はすべて丸形の種子になりました。子を自家受粉させてできた孫の代では，種子が120個できました。次の問いに答えましょう。**

(1) 孫の代のしわ形の種子は約何個できましたか。

〔 約 30 個 〕

(2) エンドウの種子の形を決める遺伝子を，丸形をA，しわ形をaと表すと，孫の代の丸形の種子のうち遺伝子の組み合わせがAaであるものは約何個できましたか。

〔 約 60 個 〕

解説 **2** (1) 孫には顕性の形質と潜性の形質が3：1の割合で現れる。120÷(3+1)×1＝30〔個〕

31 遺伝の問題の解き方

本文75ページ

1 **エンドウの種子の丸形は顕性の形質，種子のしわ形は潜性の形質で，丸形の種子をつくる遺伝子をA，しわ形の種子をつくる遺伝子をaとします。遺伝子の組み合わせがAaの丸形の種子をまいて自家受粉させました。できた種子の丸形，しわ形の個数の比はどうなりますか。〔　〕にあてはまる記号や語句を答えましょう。**

遺伝子の組み合わせがAaの親がつくる生殖細胞の遺伝子は，

〔 A 〕と〔 a 〕です。

かけ合わせ表をつくると，次のようになります。

生殖細胞	A	〔 a 〕
A	AA 種子の形…〔 丸形 〕	〔 Aa 〕 種子の形…丸形
a	〔 Aa 〕 種子の形…丸形	〔 aa 〕 種子の形…しわ形

子の遺伝子の組み合わせの個体数の比は，

AA：Aa：aa＝〔 1：2：1 〕

種子の形の個数の比は，丸形：しわ形＝〔 3：1 〕になります。

全部で600個の種子ができたとすると，丸形の種子は，

約〔 450 〕個，しわ形の種子は約〔 150 〕個できます。

丸形の種子の中で，遺伝子の組み合わせがAAであるものは

約〔 150 〕個，Aaであるものは約〔 300 〕個です。

解説 **1** 遺伝子の組み合わせがAaの種子は，顕性の形質が現れるので，丸形になる。

32 進化ってどういうこと？

本文77ページ

1 次の問題に答えましょう。

(1) 生物が長い時間をかけて代を重ねる間に変化することを何といいますか。

〔 進化 〕

(2) ヒトのうでとクジラのひれのように，基本的なつくりが同じで，祖先の生物の同じ部分が変化したと考えられる器官を何といいますか。

〔 相同器官 〕

(3) 魚類，両生類，は虫類，鳥類，哺乳類のなかで，最初に地球上に現れたと考えられているのはどのなかまですか。

〔 魚類 〕

(4) 両生類，は虫類，鳥類，哺乳類のなかで，魚類の一部が陸上に上がって進化したと考えられているのはどのなかまですか。

〔 両生類 〕

(5) 両生類とは虫類では，陸上の乾燥した環境により適しているのはどちらですか。

〔 は虫類 〕

(6) 鳥類と哺乳類のうち，体表に羽毛をもったは虫類のなかまから進化したと考えられているのはどちらですか。

〔 鳥類 〕

解説 **1** (5) 両生類は殻のない卵を水中に産むが，は虫類は乾燥を防ぐ殻のある卵を陸上に産む。

33 自然界のネットワーク

本文 79 ページ

1 次の問題に答えましょう。

(1) ある環境とそこにすむ生物を１つのまとまりとしてとらえたものを何といいますか。〔 生態系 〕

(2) 生物どうしの食べる，食べられるというつながりを何といいますか。〔 食物連鎖 〕

(3) (2)のつながりが，複数の生物の間で複雑な網の目のようにからみ合ったものを何といいますか。〔 食物網 〕

(4) 生態系において，有機物をつくり出す生物を何とよびますか。〔 生産者 〕

(5) 生態系において他の生物から有機物をとり入れる生物を何とよびますか。〔 消費者 〕

(6) 植物とそれを食べる草食動物では，数量が多いのはどちらですか。〔 植物 〕

解説 1 (4) 光合成を行って有機物をつくり出す生物を生産者(せいさんしゃ)という。食物網(しょくもつもう)のはじまりは必ず生産者になる。

34 自然が行うリサイクル

本文 81 ページ

1 〔　〕にあてはまる語句を答えましょう。

生物の死がいや排出物は，①〔 分解者 〕のはたらきによって，最終的に水や二酸化炭素などの無機物にまで分解されます。①には，カビやキノコなどの〔 菌類 〕や，大腸菌や乳酸菌などの〔 細菌類 〕などがいます。

2 右の図は物質の循環を示したものです。次の問題に答えましょう。

(1) 気体X，Yの名前を答えましょう。
X〔 酸素 〕
Y〔 二酸化炭素 〕

(2) 植物がXを出すときに行うはたらきを何といいますか。〔 光合成 〕

(3) 草食動物や肉食動物がYを出すときに行うはたらきを何といいますか。〔 呼吸 〕

(4) 物質の循環についての説明として正しいものはどれですか。次から選びましょう。〔 イ 〕
ア　分解者は光合成をして酸素をつくる。
イ　炭素は，生物の活動を通じて生態系の中を循環している。
ウ　分解者によって分解された無機物は地中にとどまり続ける。

(5) 生態系(せいたいけい)において，生物Zは何とよばれていますか。〔 分解者 〕

解説 2 (5) 生物の死がいや排出物(はいしゅつぶつ)をとりこんで栄養分を得ている生物を分解者(ぶんかいしゃ)という。

35 太陽は東から西へ動く！

本文 85 ページ

1 〔　〕にあてはまる語句を答えましょう。

太陽は朝，〔 東 〕の空からのぼり，〔 南 〕の空を通って〔 西 〕の空に沈(しず)む。このような太陽の１日の動きを，太陽の〔 日周運動 〕という。

2 右の図は，北極の真上から見た地球を示しています。次の問いに答えましょう。

(1) 地球はア，イのどちらの向きに回転していますか。〔 ア 〕

(2) 地球が地軸を軸として1日に１回転する動きを何といいますか。〔 自転 〕

(3) 日の出のころの地点はA～Dのどれですか。〔 C 〕

(4) Aの地点では，太陽はどの方角に見えますか。〔 西 〕

解説 2 (3)(4) アの向きに自転するので，Aが日の入り，Cが日の出の地点になる。

36 星も東から西へ動く！

本文 87 ページ

1 〔　〕にあてはまる語句を答えましょう。

１日の中で，夜空に見える星は〔 東 〕の空からのぼって〔 西 〕の空に沈む。この動きを星の〔 日周運動 〕という。これは，地球の〔 自転 〕による見かけの動きである。

太陽や星の１日の動きは，地球のまわりをおおう太陽や星がはりついた〔 天球 〕とよばれる球が，地球の自転(じてん)の軸(じく)である〔 地軸 〕を延長した線を軸にして回転していると考えると，うまく説明できる。

2 下の図は，東，南，西の空の星の動きを示したものです。次の問いに答えましょう。

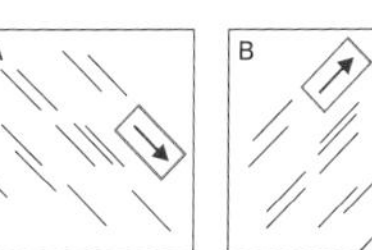

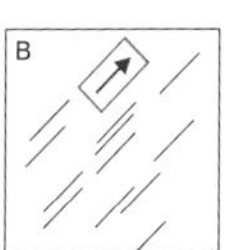

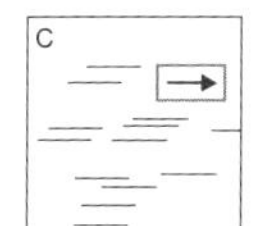

(1) A～Cは，それぞれどの方角の星の動きを示したものですか。
A〔 西 〕　B〔 東 〕　C〔 南 〕

(2) 星の動いた向きに，それぞれA～Cの□に→をかきましょう。

解説 2 東の空の星は右ななめ上にのぼり，西の空の星は右ななめ下に沈(しず)む。南の空の星は東から西へ動く。

37 北の空では星が回転する！

本文89ページ

1〔　〕にあてはまる語句を答えましょう。

北の空の星は〔 北極星 〕を中心に，1時間に約〔 15 〕°ずつ回転するように動く。これは，地球の〔 自転 〕による見かけの運動である。

2 右の図は，北の空の星をスケッチしたものです。時間がたつと，北の空の星は星Pを中心に回転するように動きましたが，星Pは時間がたっても動きませんでした。次の問いに答えましょう。

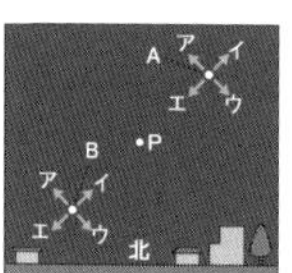

(1) 星Pは何という星ですか。

〔 北極星 〕

(2) 時間がたつと，星A，星Bはそれぞれア～エのどの向きに動きますか。

星A〔 ア 〕　星B〔 ウ 〕

(3) 南半球では，星Pはどこに見えますか。次のア～ウから選びましょう。

ア　北の空に見える。
イ　南の空に見える。
ウ　見えない。

〔 ウ 〕

(4) 赤道では，太陽や星の動きはどのように見えますか。次のア～ウから選びましょう。

ア　地平線とほぼ平行に動く。
イ　地平線とほぼ垂直に動く。
ウ　真東からのぼって南の空を通って真西に沈む。

〔 イ 〕

解説 **2** (3) 北極星(ほっきょくせい)は，地軸(ちじく)を延長した天の北極付近にあるので，南半球からは見えない。

38 1か月で星の見え方はどう変わる？

本文91ページ

1 次の問いに答えましょう。

(1) 地球が太陽のまわりを1年で1回転する動きを地球の何といいますか。

〔 公転 〕

(2) 地球は太陽のまわりを1か月に約何度回転しますか。

〔 30° 〕

(3) (1)により，同じ時刻に見える星の位置が東から西に動くことを，星の何といいますか。

〔 年周運動 〕

(4) 同じ時刻に見える星の位置は1か月に約何度動いて見えますか。

〔 30° 〕

(5) 同じ時刻に見える星の位置は1日に約何度動いて見えますか。

〔 1° 〕

解説 **1** (2) 地球は太陽のまわりを1年(12か月)で360°回るので，1か月には，360〔°〕÷12＝30〔°〕回る。

39 季節で見える星座が変わるわけ

本文93ページ

1 次の問いに答えましょう。

(1) 季節により見える星座が変わる原因となる地球の動きを何といいますか。

〔 公転 〕

(2) オリオン座を見ることができないのは，夏，冬のどちらですか。

〔 夏 〕

(3) 天球上で星座の間を動く太陽の通り道を何といいますか。

〔 黄道 〕

2 右の図は，地球の公転と季節の星座の関係を表した図です。次の問いに答えましょう。

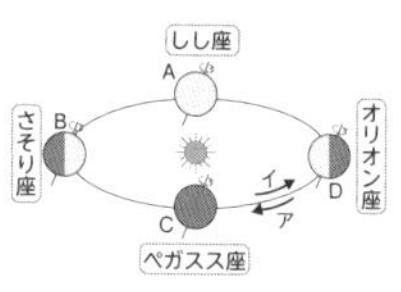

(1) 地球の公転の向きはア，イのどちらですか。

〔 イ 〕

(2) 地球がC，Dにあるとき真夜中ごろに南中(なんちゅう)する星座をそれぞれ図から選んで答えましょう。

C〔 ペガスス座 〕　D〔 オリオン座 〕

(3) 地球がAの位置にあるとき，見ることができない星座はどれですか。図から選んで答えましょう。

〔 ペガスス座 〕

(4) 地球がAの位置にあるとき，東からのぼる星座はどれですか。図から選んで答えましょう。

〔 さそり座 〕

解説 **2** (2) 地球から見て，太陽と反対の方向にある星座が真夜中に南中(なんちゅう)する。

40 夏が暑く，冬が寒いのはなぜ？

本文95ページ

1 次の問いに答えましょう。

(1) 昼の長さが長くなると，気温は高くなりますか，低くなりますか。

〔 高くなる。 〕

(2) 太陽の南中高度が低くなると，気温は高くなりますか，低くなりますか。

〔 低くなる。 〕

(3) 1年の中で，昼の長さと夜の長さが同じになる日を2つ答えましょう。

〔 春分（の日） 〕〔 秋分（の日） 〕

(4) 東京において，1年の中で南中高度が最も高くなる日を答えましょう。

〔 夏至（の日） 〕

2 図は，夏至，春分，冬至の日の太陽の日周運(にっしゅううん)動(どう)を示したものです。次の問いに答えましょう。

西
南
北
A
B
C
東

(1) Aは，どの日の太陽の日周運動ですか。

〔 冬至（の日） 〕

(2) A～Cの中で，南中高度が最も高い日はどれですか。

〔 C 〕

(3) A～Cの中で，南中時に地面が受ける光のエネルギーが最も小さい日はどれですか。

〔 A 〕

解説 **2** (1) Aは，太陽の南中高度(なんちゅうこうど)が最も低いので，冬至(とうじ)の日の太陽の日周運動(にっしゅううんどう)である。

41 南中高度はどう変わるの？

本文97ページ

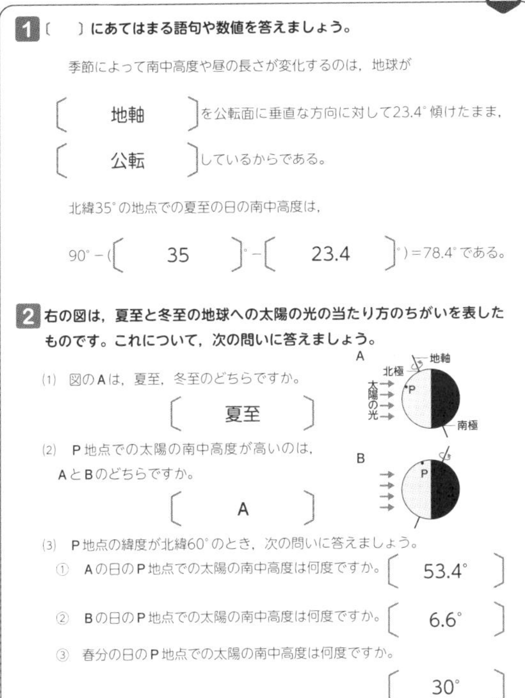

1〔　〕にあてはまる語句や数値を答えましょう。

季節によって南中高度や昼の長さが変化するのは，地球が

〔　地軸　〕を公転面に垂直な方向に対して23.4°傾けたまま，

〔　公転　〕しているからである。

北緯35°の地点での夏至の日の南中高度は，

90°－(〔　35　〕°－〔　23.4　〕°)＝78.4°である。

2 右の図は，夏至と冬至の地球への太陽の光の当たり方のちがいを表したものです。これについて，次の問いに答えましょう。

(1) 図のAは，夏至，冬至のどちらですか。
〔　夏至　〕

(2) P地点での太陽の南中高度が高いのは，AとBのどちらですか。
〔　A　〕

(3) P地点の緯度が北緯60°のとき，次の問いに答えましょう。

① Aの日のP地点での太陽の南中高度は何度ですか。〔　53.4°　〕

② Bの日のP地点での太陽の南中高度は何度ですか。〔　6.6°　〕

③ 春分の日のP地点での太陽の南中高度は何度ですか。
〔　30°　〕

解説 **2** (3) ② Bは冬至なので，(南中高度)＝90°－(60°＋23.4°)＝6.6〔°〕

42 月の満ち欠けが起こるのはなぜ？

本文101ページ

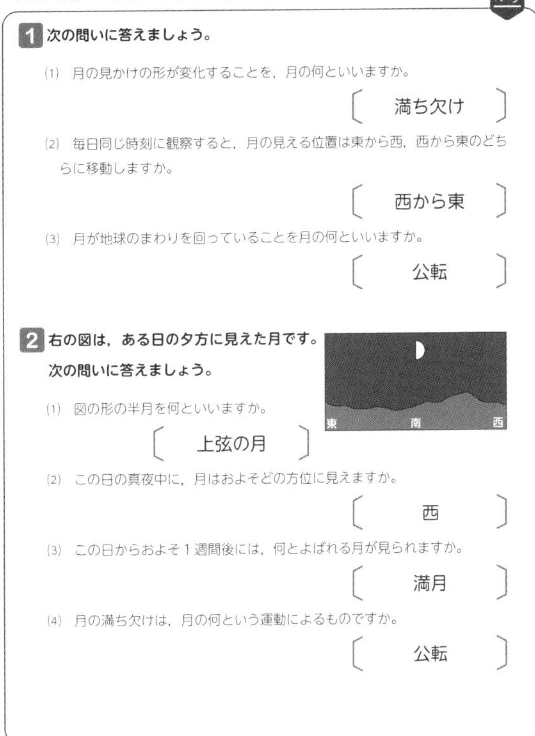

1 次の問いに答えましょう。

(1) 月の見かけの形が変化することを，月の何といいますか。
〔　満ち欠け　〕

(2) 毎日同じ時刻に観察すると，月の見える位置は東から西，西から東のどちらに移動しますか。
〔　西から東　〕

(3) 月が地球のまわりを回っていることを月の何といいますか。
〔　公転　〕

2 右の図は，ある日の夕方に見えた月です。次の問いに答えましょう。

(1) 図の形の半月を何といいますか。
〔　上弦の月　〕

(2) この日の真夜中に，月はおよそどの方位に見えますか。
〔　西　〕

(3) この日からおよそ１週間後には，何とよばれる月が見られますか。
〔　満月　〕

(4) 月の満ち欠けは，月の何という運動によるものですか。
〔　公転　〕

解説 **2** (3) 上弦(じょうげん)の月になるのは新月(しんげつ)から約１週間後で，さらに約１週間たつと，満月になる。

43 日食と月食のしくみ

本文103ページ

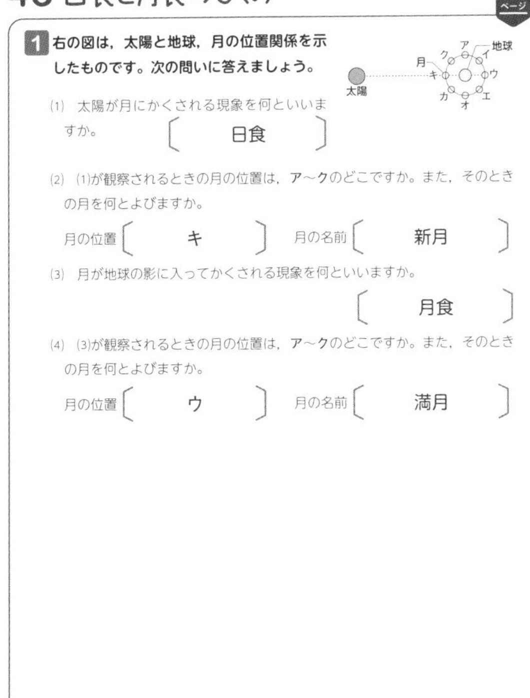

1 右の図は，太陽と地球，月の位置関係を示したものです。次の問いに答えましょう。

(1) 太陽が月にかくされる現象を何といいますか。〔　日食　〕

(2) (1)が観察されるときの月の位置は，ア～クのどこですか。また，そのときの月を何とよびますか。

月の位置〔　キ　〕　月の名前〔　新月　〕

(3) 月が地球の影に入ってかくされる現象を何といいますか。
〔　月食　〕

(4) (3)が観察されるときの月の位置は，ア～クのどこですか。また，そのときの月を何とよびますか。

月の位置〔　ウ　〕　月の名前〔　満月　〕

解説 **1** (2)(4) 日食(にっしょく)は太陽の方向に月がある新月のとき，月食(げっしょく)は太陽と反対方向に月がある満月のときに起こる。

44 金星が出没する時間と場所

本文105ページ

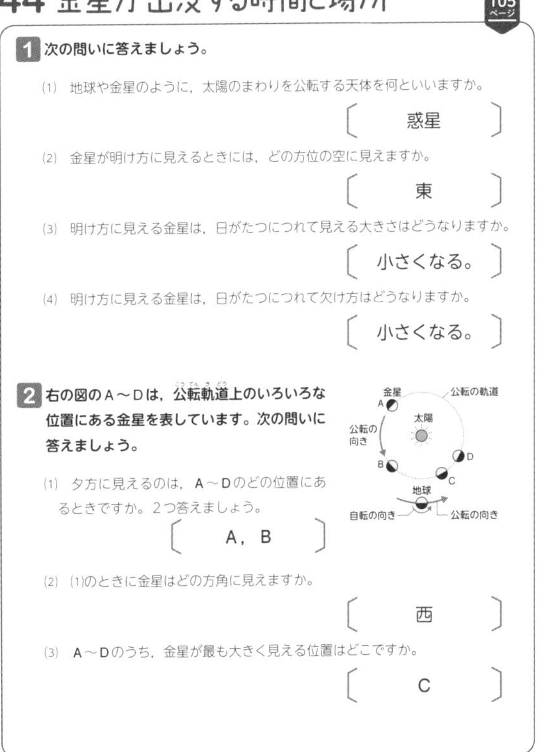

1 次の問いに答えましょう。

(1) 地球や金星のように，太陽のまわりを公転する天体を何といいますか。
〔　惑星　〕

(2) 金星が明け方に見えるときには，どの方位の空に見えますか。
〔　東　〕

(3) 明け方に見える金星は，日がたつにつれて見える大きさはどうなりますか。
〔　小さくなる。　〕

(4) 明け方に見える金星は，日がたつにつれて欠け方はどうなりますか。
〔　小さくなる。　〕

2 右の図のA～Dは，公転軌道(こうてんきどう)上のいろいろな位置にある金星を表しています。次の問いに答えましょう。

(1) 夕方に見えるのは，A～Dのどの位置にあるときですか。２つ答えましょう。
〔　A，B　〕

(2) (1)のときに金星はどの方角に見えますか。
〔　西　〕

(3) A～Dのうち，金星が最も大きく見える位置はどこですか。
〔　C　〕

解説 **2** (1)(2) 地球から見て，金星がA，Bのように太陽の東（左）側にあるときは，夕方，西の空に見える。

45 太陽ってどんな天体？

本文107ページ

1 次の問いに答えましょう。

(1) 太陽のように，自ら光を放つ天体を何といいますか。

〔 恒星 〕

(2) 太陽の表面からふき出す炎のようなガスの動きを何といいますか。

〔 プロミネンス 〕

(3) 皆既日食のときに見られる，太陽の外側に広がる約100万℃の高温の希薄なガスの層を何といいますか。

〔 コロナ 〕

2 右の図は，太陽の表面を観察したときのようすです。次の問いに答えましょう。

10月20日　10月21日

(1) 図のAの斑点を何といいますか。

〔 黒点 〕

(2) Aはまわりより温度が低いですか，高いですか。

〔 低い。 〕

(3) Aの位置が動いて見えることから，どのようなことがわかりますか。簡単に答えましょう。

〔 太陽が自転していることがわかる。 〕

(4) 中央部では円形だった黒点が周辺部にくると縦長のだ円形に見えることから，どのようなことがわかりますか。次のア～ウから答えましょう。

ア 太陽は公転しているということ。
イ 太陽が非常に高温であること。
ウ 太陽が球形をしているということ。

〔 ウ 〕

解説 2 黒点はまわりよりも温度が低いので黒く見える。太陽の自転により，黒点は移動するように見える。

46 太陽系の惑星

本文109ページ

1 次の問いに答えましょう。

(1) 太陽と，太陽を中心に公転している天体の集まりを何といいますか。

〔 太陽系 〕

(2) (1)の中で，惑星のまわりを公転している天体を何といいますか。

〔 衛星 〕

(3) (1)の中で，小型で密度が大きいという特徴をもつ惑星を何といいますか。

〔 地球型惑星 〕

(4) (1)の中で，大型で密度が小さいという特徴をもつ惑星を何といいますか。

〔 木星型惑星 〕

(5) 細長いだ円軌道で公転し，太陽に接近すると，長い尾を引く天体を何といいますか。

〔 すい星 〕

2 それぞれの惑星にあてはまる説明をア～オから選びましょう。

ア 直径が最大の惑星
イ 生命が存在している惑星
ウ 巨大な環をもつことで有名な惑星
エ 地球から赤く見える惑星
オ 太陽の最も近くを公転する惑星

地球〔 イ 〕　水星〔 オ 〕

火星〔 エ 〕　木星〔 ア 〕

土星〔 ウ 〕

解説 1 (3)(4) 地球型惑星は主に岩石からなり密度が大きい。木星型惑星は主に気体からなり密度が小さい。

47 太陽系の外側には何がある？

本文111ページ

1 次の問いに答えましょう。

(1) 恒星が数億個から数千億個集まった集団を何といいますか。

〔 銀河 〕

(2) 太陽系が属する(1)を，特に何といいますか。〔 銀河系 〕

(3) (1)がたくさん集まった集団を何といいますか。〔 銀河団 〕

2 右の図は，銀河系を真横から見た想像図です。次の問いに答えましょう。

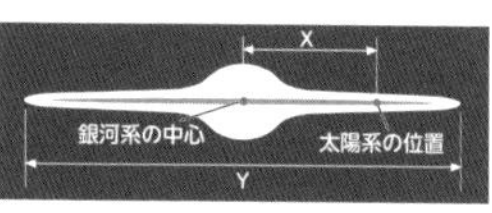

(1) 銀河系の中心から太陽系までの距離X，銀河系の直径Yとして正しいものはどれですか。それぞれア～エから選びましょう。

ア 約1万光年　イ 約3万光年
ウ 約10万光年　エ 約100万光年

中心から太陽系までの距離X〔 イ 〕

銀河系の直径Y〔 ウ 〕

(2) 地球からは，銀河系内の恒星が集まった部分が白い帯のように見えます。これを何といいますか。

〔 天の川 〕

(3) (2)が明るく太く見えるのは，夏ですか，冬ですか。〔 夏 〕

解説 2 (1) 銀河系の直径は10万光年で，太陽系は銀河系の中心から約3万光年離れたところにある。

48 自然環境は変化している！

本文115ページ

1 次の問いに答えましょう。

(1) 地球の平均気温が上昇する現象を何といいますか。

〔 地球温暖化 〕

(2) (1)の原因と考えられている，地球から宇宙へ放射される熱の一部を地表にもどすはたらきのある気体を何といいますか。〔 温室効果ガス 〕

(3) 上空にあり，太陽からの有害な紫外線の一部を吸収している層を何といいますか。

〔 オゾン層 〕

(4) (3)が破壊される原因として正しいものは次のうちどれですか。

〔 ア 〕

ア フロン類の大量使用　イ 化石燃料の大量消費
ウ 海や湖への生活排水の流入　エ 空気中の窒素酸化物や硫黄酸化物

(5) 窒素酸化物や硫黄酸化物などの物質がとけこんだ雨を何といいますか。

〔 酸性雨 〕

解説 1 (2) 二酸化炭素は，温室効果ガスの1つで，大気中に増加していることが問題となっている。

49 自然災害から身をまもろう！

本文117ページ

1 次の問いに答えましょう。

(1) 次の文の〔　〕にあてはまることばを書きましょう。

日本列島は，〔南北〕に長いため，多様な気象現象が起こり，〔4〕枚のプレートが集まるため，地震や火山活動が活発である。

(2) 海底を震源とする地震などによって波が発生し，大きな被害をもたらすことのある災害を何といいますか。〔津波〕

(3) 火山の噴火によって積もった火山灰などが雨に押し流されると，何という災害が起こりますか。〔土石流〕

(4) 自然災害による被害を軽減するために，被災が想定される区域などを示した地図を何といいますか。〔ハザードマップ〕

2 次の問いに答えましょう。

(1) 災害への日ごろの備えとして，まちがっているものはどれですか。

ア 災害時に集まれるように，家族で避難場所を決めておく。
イ 災害時の行動を確認するために，防災訓練に参加する。
ウ 災害時に持ち出すかもしれないので，家具は固定しない。
エ 災害時にすぐ避難できるように，備蓄品や持ち出し品を用意しておく。

〔ウ〕

(2) 台風や豪雨により，どんな災害が起こると考えられますか。1つ答えましょう。〔(例) 強風による倒木，洪水〕

解説 **2** (1) 地震のときに倒れるおそれがあるので家具は固定しておく。(2) 他には土砂崩れ，高潮なども正解。

50 エネルギーをどうやってつくる？

本文119ページ

1 次の問いに答えましょう。

(1) 原子の核分裂によるエネルギーを利用した発電を何といいますか。〔原子力発電〕

(2) 石炭や石油，天然ガスなどの化石燃料を燃やし，そのときに発生する熱エネルギーを利用した発電方法を何といいますか。〔火力発電〕

(3) 水力，太陽光，風力，バイオマス，地熱などの，資源にかぎりがなく環境を汚す恐れの少ないエネルギーを何といいますか。〔再生可能エネルギー〕

2 右下の図は，水力発電と原子力発電の発電方法を表しています。次の問いに答えましょう。

(1) A，Bにあてはまることばを答えましょう。

A〔位置〕

B〔核〕

ダムの水 (A)エネルギー →発電機→ 電気エネルギー

ウラン (B)エネルギー →原子炉→ 熱エネルギー →発電機→ 電気エネルギー

(2) 原子力発電の課題の1つである，原子炉内の核燃料や使用ずみの核燃料から出て，人の健康を害する恐れがあるものを何といいますか。〔放射線〕

解説 **2** (1) 原子が核分裂するときに出すエネルギーを，核エネルギーという。

51 放射線って身近にあるの？

本文121ページ

1 次の問いに答えましょう。

(1) 放射線を受けることを何といいますか。〔被ばく〕

(2) 中性子の流れである放射線を何といいますか。〔中性子線〕

(3) 宇宙からくる放射線や大地から出る放射線など，自然界に存在する放射線のことを何といいますか。〔自然放射線〕

(4) 放射線の説明として正しいものを次からすべて選びましょう。

ア 放射線は物体を通りぬける性質をもつ。
イ 放射線は目に見えない。
ウ 生物が放射線を受けると，ほんの少量でも健康被害が出る。
エ α線は電子の流れである。
オ X線は電磁波の一種である。

〔ア，イ，オ〕

解説 **1** (1)(4) α線はヘリウム原子核の流れ，β線は電子の流れ，γ線やX線は電磁波である。

52 新素材はどう役立つ？

本文123ページ

1 次の問いに答えましょう。

(1) 石油などを原料にして人工的につくられる繊維を何といいますか。〔合成繊維〕

(2) ワタの果実からつくられる繊維を何といいますか。〔綿〕

(3) 毛に似た感触と保温性があるためにセーターなどに使われる合成繊維を何といいますか。〔アクリル〕

(4) ①，②の説明にあてはまるプラスチックを，**ア**～**エ**からそれぞれ選びましょう。

①燃えにくく，薬品に強い。 ①〔ウ〕

②ペットボトルの原料である。 ②〔イ〕

ア ポリスチレン　**イ** ポリエチレンテレフタラート
ウ ポリ塩化ビニル　**エ** ポリプロピレン

解説 **1** (4)② ポリエチレンテレフタラートはＰＥＴと略されるので，その容器はペットボトルとよばれる。

53 持続可能な社会って？

1 次の問いに答えましょう。

(1) 将来の世代にわたって，くらしに必要なものやエネルギーを安定して手に入れることができる社会を何といいますか。

〔 持続可能な社会 〕

(2) 工場などで行われている，廃棄物を原材料として再利用し，できるだけ廃棄物をなくすというとり組みを何といいますか。

〔 ゼロ・エミッション 〕

(3) 2015年の国連サミットで採択された，達成すべき17の「持続可能な開発目標」の略号を答えましょう。

〔 SDGs 〕

(4) 3Rのうちの「Reduce」として適切なものを次から選びましょう。

ア ペットボトルを資源ごみとして出す。
イ ごみを減らすためにつめかえ用の洗剤を買う。
ウ ガラス容器を洗ってくり返し使う。

〔 イ 〕

解説 **1** (4) Reduce(リデュース)は，「ごみの発生を減らす」というとり組みである。アはRecycle(リサイクル)，ウはReuse(リユース)。

復習テスト 1 (本文20～21ページ)

1 (1) 下の左の図　(2) 6N

(3) 下の右の図

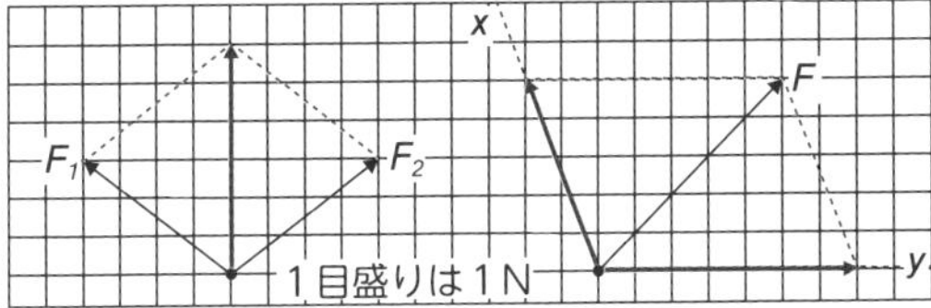

ポイント

(3) (1)でかいた合力の矢印は6目盛りなので6N。

2 (1) **下の面**　(2) **0.16N**　(3) **変わらない。**

ポイント

(3) さらに沈めても，下の面と上の面の水圧の差は変わらないので，浮力の大きさも一定になる。

3 イ

ポイント

上の面よりも深いところにある下の面の方が水圧は大きいので，ゴム膜のへこみ方が大きくなる。

4 (1) **220km/h**　(2) **61m/s**

(3) **瞬間の速さ**

ポイント

(1) 550〔km〕÷2.5〔h〕=220〔km/h〕

(2) 550000〔m〕÷9000〔s〕=61.1…〔m/s〕

5 (1) 時間…**0.1秒**　速さ…**124cm/s**

(2) **はたらいていない。**　(3) **等速直線運動**

(4)① **つり合って**　② **慣性**

ポイント

(2) 台車には，垂直方向に重力と垂直抗力がはたらいているが，水平方向には力がはたらいていない。

6 (1) **大きく(速く)なっている。**

(2) **大きくなる。**　(3) **大きくなる。**

ポイント

(1) 0.1秒間に進む距離がしだいに長くなっている。

復習テスト 2 (本文32～33ページ)

1 (1) **50J**　(2) **0J**　(3) **0J**　(4) **30J**

ポイント

(2) 力の向きと移動の向きが垂直なので，仕事は0になる。

(3) 移動していないので，仕事は0になる。

(4) 仕事は物体を押す力と動かした距離の積である。

2 (1) **300J**　(2) **75N**　(3) **4m**　(4) **50W**

(5) **300J**　(6) **60N**

ポイント

(1) 150〔N〕×2〔m〕=300〔J〕

(5) 仕事は，斜面を使っても直接持ち上げたときと変わらないので，150〔N〕×2〔m〕=300〔J〕

(6) 300〔J〕÷5〔m〕=60〔N〕

3 (1) C　(2) **力学的エネルギー**

(3) 図2

(4) イ

(5) **〈例〉A点と同じ高さになるときに運動エネルギーが0になるから。**

ポイント

(3) 力学的エネルギーは一定に保たれる。

(4)(5) おもりは運動エネルギーが0になるA点と同じ高さまで上がる。

4 (1) C　(2) **大きく(速く)なる。**

(3) **乗っているとき。**

(4) B点での運動エネルギー…$a-b$

C点での運動エネルギー…a

ポイント

(3) 質量が大きくなると，運動エネルギーは大きくなる。

(4) ジェットコースターのもつ力学的エネルギーはどの点でもaなので，B点ではa=運動エネルギー+b，C点ではa=運動エネルギー+0

復習テスト 3 (本文56～57ページ)

1 (1) B，C，D，F

(2)① **電解質** ② **非電解質**

ポイント

水にとけたときに電離すると，電流が流れる。

2 (1) $Cu^{2+}+2Cl^-$

(2) A…銅　B…Cl_2　(3) **陽イオン**

(4) **うすくなる。**

ポイント

(4) 青色は銅イオンの色で，電気分解を続けると銅イオンが少なくなるので青色がうすくなる。

3 (1) A…**電子**　B…**原子核**

(2) ① **中性子** ② **同位体**

ポイント

(2) 同じ元素の原子で，中性子の数が異なるものどうしを同位体という。

4 (1) **銅**

(2)〈例〉**亜鉛が亜鉛イオンになって水溶液中にとけ出すから。**

(3) $Cu^{2+} + 2e^- \rightarrow Cu$

ポイント

銅より亜鉛の方がイオンになりやすいため，亜鉛は電子を失って亜鉛イオンになる。水溶液中の銅イオンは導線から流れてきた電子を受けとって銅になる。

5 (1) 記号…B　イオンの化学式…OH^-

(2) 記号…C　イオンの化学式…H^+

ポイント

(1) 陰イオンであるOH^-は陽極に引かれ，赤色リトマス紙を青色に変える。

6 (1) **酸性**　(2) $NaCl + H_2O$

(3) **青色**

ポイント

(3) 中性になったあとは中和は起こらないので，水溶液中にはOH^-が存在し，アルカリ性を示す。

復習テスト 4 (本文68～69ページ)

1 (1)〈例〉**根の先端部は細胞分裂がさかんだから。**

(2)〈例〉**細胞を離れやすくするため。**

(3) **核（染色体）**　(4) **染色体**

(5) ア→オ→ウ→イ→エ→カ

ポイント

(1) 根の先端付近は細胞分裂がさかんで，細胞分裂のいろいろな段階を観察できる。

(2) 塩酸で，細胞を１つ１つ離れやすくして，観察しやすくする。

2 (1) **無性生殖**　(2) **体細胞分裂**

(3) **同じ**　(4) イ　(5) エ

ポイント

(1) アメーバは単細胞生物なので，生殖細胞はつくらず，無性生殖によってふえる。

3 (1) **受粉**　(2) **花粉管**　(3) **精細胞**

(4) **胚珠**　(5) **卵細胞**

(6)〈例〉**Aの核とBの核が合体すること。**

ポイント

(2)～(5) 精細胞は花粉管の中を通って，胚珠の中にある卵細胞に到達する。

(6) 精細胞の核と卵細胞の核が合体して受精が行われる。

4 (1) **有性生殖**　(2) **減数分裂**

(3) 卵…イ　受精卵…オ　(4) **胚**

ポイント

(3) 減数分裂により，生殖細胞は親の体細胞の染色体の数の半分になる。受精により，受精卵は親の染色体を半分ずつ受け継ぐことになる。

5 (1) **遺伝子**　(2) **DNA**

ポイント

(2) 遺伝子の本体はDNA(デオキシリボ核酸)である。

復習テスト 5 (本文82～83ページ)

1
(1) **分離の法則**　(2) Aa
(3) **顕性の形質**　(4) AA, Aa
(5) **約100個**　(6) Aa　(7) Aa
(8) **約200個**

ポイント

(4) 遺伝子の組み合わせがAaの子が自家受粉をすると，孫の遺伝子の組み合わせはAA：Aa：aa＝1：2：1となり，このうちAAとAaは丸形の種子になる。

(5) 丸形：しわ形＝3：1で現れるので，しわ形の種子$=400\times\frac{1}{3+1}=100$〔個〕

(6) 子にしわ形の種子ができたことから，親の丸形の種子は遺伝子aをもっている。

(7)(8) Aaとaaの親をかけ合わせると，子はAa：aa＝1：1になる。よって，半数がしわ形の種子になる。

2
(1)〈例〉**哺乳類は共通の祖先から進化したから。**
(2) **相同器官**

ポイント

相同器官は，もとは共通の祖先の同じ器官であったが，生活環境に都合のよい特徴をもつように変化したと考えられている。

3
(1)① **光合成**　② **呼吸**　(2) **食物網**
(3) **生物A**　(4) A＞B＞C
(5) **減少する。**
(6)〈例〉**生物の死がい・排出物などの有機物を無機物にまで分解する。**
(7) ウ　(8) **細菌類**

ポイント

(3) 生産者である植物などは，二酸化炭素をとり入れて光合成を行い，デンプンなどの有機物をつくる。

(5) 生物Cは，食物が減るので，個体数が減少する。

(6) 生物の死がいや排出物などの有機物を，二酸化炭素や水などの無機物に分解する過程にかかわる生物を分解者という。

復習テスト 6 (本文98～99ページ)

1
(1) E　(2) **日周運動**　(3) **自転**　(4) **一定**
(5) P　(6) ∠REA　(7) **高くなっている。**

ポイント

(4) 地球は1時間に15°ずつ自転するので，点の間隔は一定になる。

(7) 太陽の南中高度は，6月の夏至に最も高くなる。

2
(1) **北極星**　(2) A　(3) **3時間**

ポイント

(1)(2) 北の空の星は，北極星を中心に反時計回りに回転しているように見える。

(3) 北の空の星は1日で1回転，1時間では360〔°〕÷24＝15〔°〕回転して見える。

3
(1) **南**　(2) A　(3) **20時**

ポイント

(2) 同じ時刻に見える星座の位置は，1か月で360〔°〕÷12＝30〔°〕東から西へ移動する。

(3) 同じ日の星座の位置は，1時間に360〔°〕÷24＝15〔°〕東から西へ移動する。

4
(1) A　(2) **しし座**　(3) **オリオン座**
(4) C　(5) D　(6) B　(7) **78.4°**
(8)〈例〉**地球が地軸を傾けたまま公転しているから。**

ポイント

(2)(3) 太陽と反対方向にある星座は真夜中に南中し，太陽と同じ方向にある星座は見ることができない。

(4) 地球がCにあるときの日の入りの方角と，さそり座の方向は図のようになる。

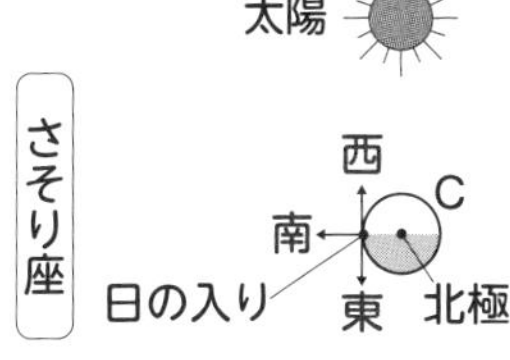

(6) 北極が太陽のほうに傾いているBが夏至。

(7) 90〔°〕−(35〔°〕−23.4〔°〕)＝78.4〔°〕

(8) 地球が地軸を傾けていなければ，昼の時間は12時間で一定になり，太陽の南中高度も変化しない。

復習テスト 7 （本文112～113ページ）

1 (1) **衛星**　(2) **C**　(3) **三日月**
(4) **A，夕方**
(5) 位置…**G**　月の名前…**新月**

ポイント

(2) 満月は，太陽が西に沈む夕方に東からのぼる。

(4) 右半分が輝いている上弦の月はAの位置にあり，夕方南中する。

下弦の月
E
D
F
太陽の光
新月
地球
満月
G
C
夕方
月
公転の向き
H
B
三日月
A
上弦の月

2 (1) ①**夕方**　②**西**　(2) **エ**
(3) 欠け方：**大きくなる。**
大きさ：**大きくなる。**
(4)〈例〉**金星は地球の内側を公転しているから。**

ポイント

(1) 金星は太陽の左（東）側にあるので，夕方，西の空に見える。

(2) 地球は金星の軌道の接線方向にあり，金星の右側に太陽があるので，右半分が光って見える。

3 (1) **恒星**　(2) ①**イ**　②**ア**　③**エ**　(3) **自転**
(4) **球形**　(5) **コロナ**

ポイント

(2) 太陽の表面温度は約6000℃だが，黒点は約4000℃と周囲より低いため，黒く見える。

4 (1) ①**F**　②**D**　③**C**
(2)〈例〉**質量は小さいが，密度は大きい。**
(3) **E，F，G，H**　(4) **太陽系外縁天体**
(5) **銀河系**　(6) **小惑星**

ポイント

(1)① Fの天王星は，自転軸が大きく傾き，ほぼ横倒しで公転している。

(2) 地球型惑星は，主に岩石や金属でできているため，小型だが密度が大きい。

(3) 木星から外側を公転している４つの惑星を木星型惑星という。大型だが密度が小さい。

復習テスト 8 （本文126～127ページ）

1 (1) **紫外線**　(2) **オゾンホール**　(3) **ウ**

ポイント

(3) フロン類は，かつて冷蔵庫やエアコンの冷却剤などとして使われていた。

2 (1) **津波**
(2)〈例〉**P波よりもS波の方が伝わる速さが遅い。**
(3) **マグマ**　(4) **土石流**
(5) **ハザードマップ**

ポイント

(2) 緊急地震速報は，震源に近い地震計でP波を感知し，主要動であるS波が到達する前に，各地に知らせる。

3 (1) **化石燃料**
(2) はたらき…**温室効果**
現象…**地球温暖化**
(3) **バイオマス発電**

ポイント

(1) 石炭や石油は，大昔の植物などの生物が堆積し，化石のように変化してできたため，化石燃料とよばれる。

(3) バイオマス発電は，現在生きている生物からつくられる燃料を用いるので，燃焼しても大気中の二酸化炭素量は増加しないと考えられている。

4 (1) A…**α線**　B…**β線**　C…**中性子線**
D…**γ線**　(2) **シーベルト**

ポイント

(2) シーベルトは放射線の人体への影響を表す単位で，ベクレルは放射性物質の放射線を出す能力（放射能）の大きさを表す単位である。

5 (1) **再生可能エネルギー**
(2)〈例〉**菌類や細菌類によって分解されにくい性質。**

ポイント

(2) プラスチックは腐らず長持ちするという長所がある一方，自然界に放置されると長く残ってしまうという短所がある。